VR新未来

周锡冰 著

U0208647

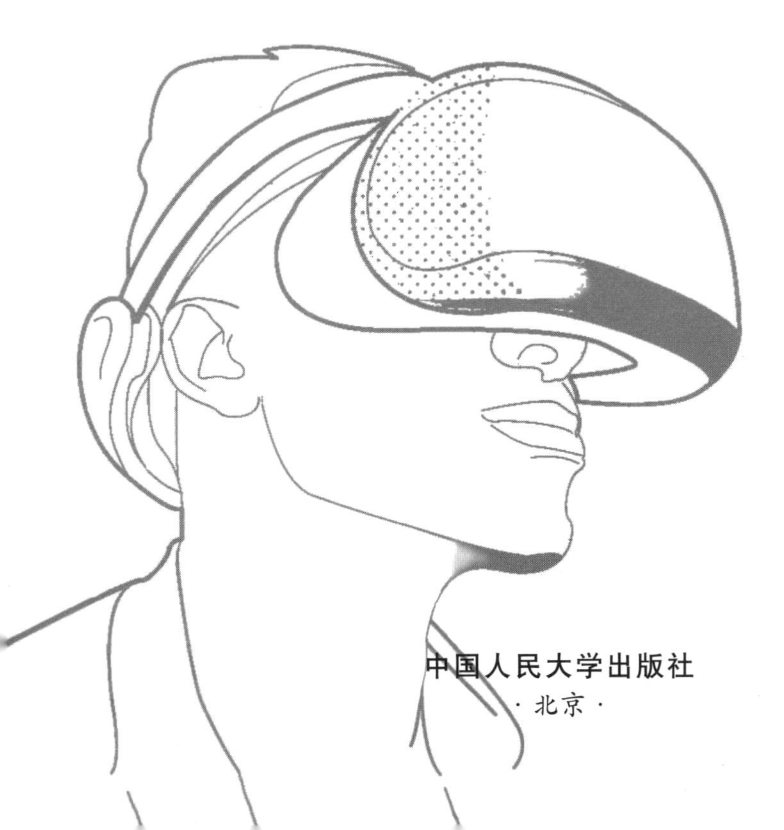

中国人民大学出版社
· 北京 ·

前言

PREFACE

不论您相不相信，在不久的将来，大多数人，特别是年轻人会经常头戴一个虚拟现实设备。通过该虚拟现实设备，使用者不仅可以与朋友聊天、玩电子游戏，还可以接受“充电”课程培训……

这是大势所趋，最起码脸谱（Facebook）的创始人马克·扎克伯格（Mark Zuckerberg）是如此认为的。2016年，Facebook以约20亿美元的总价收购沉浸式虚拟现实技术公司——Oculus VR，这样的大手笔引起了业界和媒体的广泛关注。

人们研究发现，虚拟现实产品有三大特点：沉浸性、想象力、交互性。“沉浸性”是通过四周墙面的3D影像或封闭式眼镜、头盔等设备，让人感觉自己已全身心地沉浸在另一个世界里。“交互性”是虚拟现实产品不同于三维电影的最大特点，后者只能看，而前者的用户能利用交互设备对三维影像进行各种操作。

因此，一些研究者兴奋地说道：“虚拟现实产业的春天要来了。”这些研究者所说的春天，不仅是虚拟现实产业的春天，更是拓展虚拟现实产业这个巨大的潜在商业市场的春天——未来，VR会广泛地应用于许多行业，比如与人类生活息息相关的娱乐、医疗、教育、展览展示、房地产、工业设计、旅游等产业。例如，在训练方面就涉及汽车、火车、飞机驾驶员培训以及医生手术培训等。

从这些内容中，读者不难发现：VR经济到来时，不仅将会影响甚至改变我们的观念与习惯，而且将深入到人们的日常工作与生活中。因此，本书解决如下几个问题：

传统企业如何抢占下一个互联网平台风口？

传统企业如何抓住VR商业化元年的商业机会？

传统企业如何拓展VR万亿级市场？

传统企业如何在VR垂直领域“大有所为”？

传统企业如何满足VR用户的消费体验？

传统企业如何赶在风口，开辟“VR+”的全新模式？

…………

本书紧扣VR，从两条线进行了讲解：第一，分析了VR的商业模式，同时站在较高的角度剖析了VR+传统企业的商业前景。第二，浓墨重彩地说明VR经济的春天已经到来，客观翔实地介绍了VR的消费市场和资本风口；VR+正在改变传统行业；VR经济的核心是体验经济；软件和内容是VR的基础；对于传统企业，VR+正在踢门；VR经济究竟能走多远以及传统企业的VR+机会。

目 录

CONTENTS

第三章
VR颠覆用户的想象力 // 061

第四章
VR经济的核心是体验经济 // 071

第七章
VR经济究竟能走多远？//147

第八章

传统企业的VR+机会// 169

VR

第一章

VR 经济的春天已经到来

01

经济学家不懂 VR 技术，却嗅到其巨大的商业价值

在“传统企业转型与升级”商业论坛上，一个VR创业者如同打了鸡血般，他对VR经济的未来十分乐观。然而，对于目前VR技术不完善、内容匮乏等诸多困境，他并不讳言。

不过，该创业者却从另一个角度阐述了他对VR的未来的看法：“虽然经济学家不懂VR技术的原理，但他们却通过市场调研，了解到VR技术的市场前景，甚至嗅到了VR技术的巨大商业价值。”

在该创业者看来，VR技术不仅拥有潜在的巨大商业价值，同时还可能引发网络交互形式的革命。从这个角度不难看出，VR不仅具有沉浸感，还可以应用到诸多领域，如军事、娱乐、设计、展览、教育、工业、医疗、旅游等领域，具有十分重要的现实意义。

VR 到底是什么

从某种角度来说，VR的商业价值的确是不可估量的。当资本如同海啸般冲进VR领域时，VR板块的股票随即大涨，这与VR本身的潜在商业价值存在巨大的关联。这就是经济学家不懂VR技术，却嗅到其巨大商业价值的一个关键原因。

既然VR如此重要，可能读者会问：什么是VR？VR就是虚拟现实，是英文Virtual Reality的缩写。相关资料显示，虚拟现实是指利用计算机模拟产生一个三维虚拟世界，为用户提供关于视觉、听觉、触觉等感官的模拟，让用户身临其境，可以及时、无限制地观察三维空间内的事物。

如果读者觉得该定义过于学术化，那么我们通过一个真实的例子来解释，或许您就明白了。2014年3月8日凌晨2∶40，马来西亚航空公司宣称：一架载有239人的波音777-200飞机与航管中心失去联系。该飞机的航班号为MH370，原定由马来西亚首都吉隆坡飞往中国北京。

尽管经过多方努力寻找，但MH370至今仍下落不明。在MH370飞机失联事件的原因调查中，警方将疑点集中在当班机长扎哈里身上，其中的一个重要证据就是机长家中的飞行模拟器。

为此，英国的《每日邮报》报道了此次事件，马来西亚官方已经把马航失踪航班MH370的机长扎哈里列为调查的“头号嫌犯”。

据马来西亚官方介绍，警方调查人员已经完成了对MH370航班上每一个人的情报分析以及170多次相关采访，最终的结果表明，只有53岁的扎哈里存在重大嫌疑。

当然，此项刑事调查并不排除MH370航班可能因为机械故障或者恐怖主义而消失的可能性。不过，据马来西亚警方介绍，一旦飞机是由于人为因素而消失，扎哈里将是最大的嫌疑人。

马来西亚警方之所以得出这样的结论，是因为马来西亚特别调查小组是在进行了170多次的访问后，才把怀疑的目光放到扎哈里身上的。

马来西亚特别调查小组认为，扎哈里没有为未来进行打算，而且家里的飞行模拟器显示，扎哈里曾策划了一条飞往印度洋南部的航线，该航线最后在一个有小跑道的小岛上终止。这样的证据显示，作为机长的扎哈里是有可能实施该行为的。

在此，值得一提的是，飞行模拟器本身就是一套虚拟现实设备，也是诸多航空飞行员学习飞行技术的必备工具之一。经过数十年的发展，如今的虚拟现实技术早已运用在航空航天、医疗卫生、教育培训等诸多领域。

相关资料显示，自20世纪80年代起，美国国防部高级研究计划局（Defense Advanced Research Projects Agency，DARPA）一直致力研究虚拟战场系统——SIMNET。

该虚拟战场系统主要是提供坦克协同训练，可联结200多台模拟器。另外，虚拟战场系统利用VR技术可模拟零重力环境，已成为非标准的水下训练宇航员的一种方法。

2014年6月29日，中国人民解放军国防大学历时7年，成功研发了一套计算机兵棋系统。该系统可真实模拟陆战、海战、空战、特种作战和后勤保障、执行民事任务等，可以真实反映未来战争的基本情况。其实，该系统也是一套较为复杂、专业的虚拟现实系统。

VR 发展的三个阶段

纵观VR的发展史就不难了解，VR发展到今天，已经历了数十年。早在1957年，电影制作人莫顿·海利希（Morton Heilig）就开发出了体积庞大、构造复杂的VR设备——Sensorama。这也是人类历史上的首个 VR设备。随后，该VR设备被美国空军看中，协助美国空军以虚拟现实的方式进行模拟飞行训练。

的确，在漫长的岁月中，研究者对VR技术经过了一系列的探索和发展。直到1994年，日本游戏公司——Sega和任天堂分别针对游戏产业而推出Sega

VR-1和Virtual Boy产品，才真正地让VR技术落地。

从第一套虚拟现实系统——Sensorama VR设备的出现到2016年，关于“VR产业元年”的讨论已不止一次，甚至已经有过三轮了。

在一轮又一轮的火爆与沉寂中，VR技术的商业价值逐步显现。可以肯定地说，正是因为复杂的VR技术，所以才有了VR技术的漫长发展史。

时至今日，当研究者和媒体纷纷把2016年视为“VR产业元年”时，关于VR经济究竟能走多远的争议再一次升温。

纵观VR历史，VR经济的第一次产业浪潮出现在20世纪60年代。当时，科幻小说风靡全世界，同时还在现实社会中存在相关的实物雏形，随即引发了各国军方和民间科学家的广泛关注。

VR经济的第二次产业浪潮出现在20世纪80年代。此时，VR技术已逐步走出实验室，并有相关产品推向市场。美国VPL公司的创始人杰伦·拉尼尔（Jaron Lanier）由于热衷VR创业，因而被誉为“VR之父”。

VR经济的第三次产业浪潮出现在2016年。VR技术在近60年的发展和完善中，最终找到了自己的商业落脚点。

当然，研究者和媒体质疑VR经济的商业前景以及VR经济究竟能走多远，这与VR产业的现状有关。

对此，在《与30年前相比，这波“VR元年”看起来更加乐观》一文中，学者奥尔特（Alter）客观地分析了VR经济的未来。奥尔特撰文写道：“毕竟如今的VR设备并没有彻底脱离20世纪80年代的形态，甚至连商业化的模式和突围领域都相差无几。现阶段的VR究竟是爆发的初始期还是发展历程中的又一个阶段，没有人能够给出准确的答案，至少对比30年前来看，情况要更加的乐观。”

从这三波浪潮中不难看出，时至今日，VR技术的发展大概经历了如下三个阶段，见图1-1。

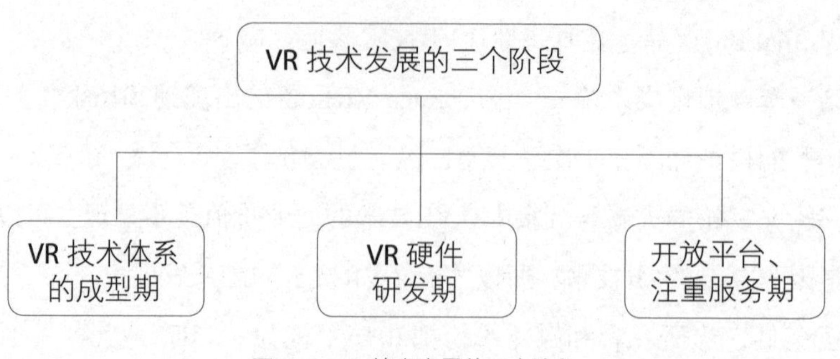

图 1-1　VR 技术发展的三个阶段

第一阶段，VR 技术体系的成型期

VR从概念到技术体系搭建完成用了约40年的时间。研究发现，在第一阶段，VR的发展主要是让VR概念找到了技术支撑并完成落地，VR用户不再是各国军方，其用户已经延伸到民用等领域。不过，由于此阶段的VR设备成本过高、体积较大、用户体验差等问题，因而影响了VR技术的商业推广。

第二阶段，VR 硬件研发期

在VR完成技术体系搭建后，VR迎来了一次产业热潮，自此进入了大概20年的硬件研发期。在这个阶段，企业经营者都在致力于设计和研发更为轻便、用户体验更好的VR产品。

自1995年至今，VR设备不再是以前眩晕感极强的笨重设备。事实证明，如今的VR设备已经变得十分轻便，而且价格低廉，如PC头盔、VR手机盒子以及VR一体机。

其中，PC头盔的代表产品为Oculus Rift，该设备的画面好、沉浸感较强，但其缺点是该设备必须与计算机相连接，因而其移动范围无疑受到了限制；VR手机盒子的代表产品为三星Gear VR，该设备易于携带，但其缺点是由于该设备与相关设备的匹配度等限制，因而画面体验感相对较差；一体机的代表产品为IDEALENS，该设备的体验无时空等限制，因而视觉效果非常好，但其缺点是仍未达到令用户满意。

当下形态各异的VR产品与2007年的手机市场非常相似。我们可以肯定地说，作为传统企业的经营者，若能创造出让用户享有极致体验感的硬件设备，无疑将抢占VR市场。

在《了解关于VR的一切》的报告中，德意志银行把VR的现状写在该报告的第一章，足以说明当前VR市场的机遇和挑战。为此，德意志银行还对当前VR的生态系统做了详细的归纳，见图1-2。

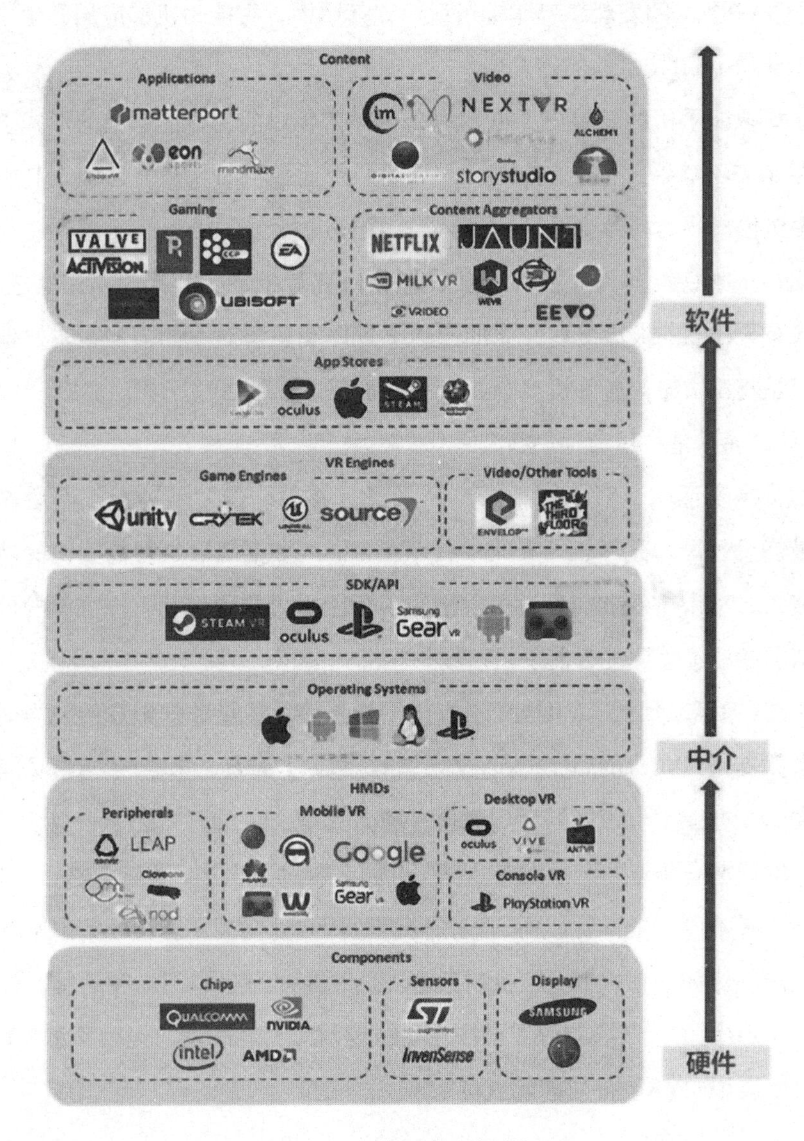

图 1-2　当前 VR 的生态系统

读者可能会问，在这个生态系统中，当前VR技术的发展处于哪一个阶段？为此，德意志银行深入研究了历史上新技术在不同阶段的市场形成后发现，其中有两项新技术的发展轨迹适用于VR技术：第一项技术是互联网技术（20世纪90年代中期）；第二项技术是智能手机的普及（2007年至今）。

从这两项技术的发展轨迹来看，特别是从智能手机的发展轨迹来分析，未来10年，VR技术的发展趋势非常乐观，究其原因，智能手机的应用和生态系统有效地推动了VR技术的向前发展。

纵观智能手机的发展史不难发现，在2007年以前，智能手机的形式多种多样。在2007年苹果iPhone被推出后，真正的智能手机时代宣告来临，其引发的智能手机创新一直持续到今天。

第一个吃螃蟹的人往往容易被媒体和研究者批评，苹果iPhone也是一样。第一代苹果iPhone被推出后，立即遭到了媒体和竞争对手的横加指责，他们称苹果只是将iPod与普通手机整合在了一起而已。从表面上分析，这属于“增量式创新”，而不是“革命性创新”。

大量事实证明，对于一款新产品来说，其最初的发展较慢，而后逐步普及，最终呈现爆炸式增长。在第一代苹果iPhone被推出后，智能手机的功能越来越强大，苹果与谷歌的激烈竞争推动了智能手机在硬件和软件方面的极大创新，从而激活了美国的智能手机市场，见图1-3。

从图1-3可以预测，VR技术的未来发展趋势无疑是非常乐观的，当前已出现了数款支持台式机的VR设备以及大量的移动VR头盔。未来的VR市场同样会出现类似于智能手机市场的激烈竞争环境。其中，很重要的一个表现就是，短暂的开发周期和频繁的产品发布。

在这个阶段，资本犹如闻到腥味的巨型食肉动物，无疑会集中向硬件研发企业投资。比如脸谱以20亿美元并购Oculus，从而举世瞩目。在中国，作为中国第一家VR设备生产商的蚁视科技，在短短两年的时间里，先后发布了7款VR产品，足以说明VR硬件目前的火爆。

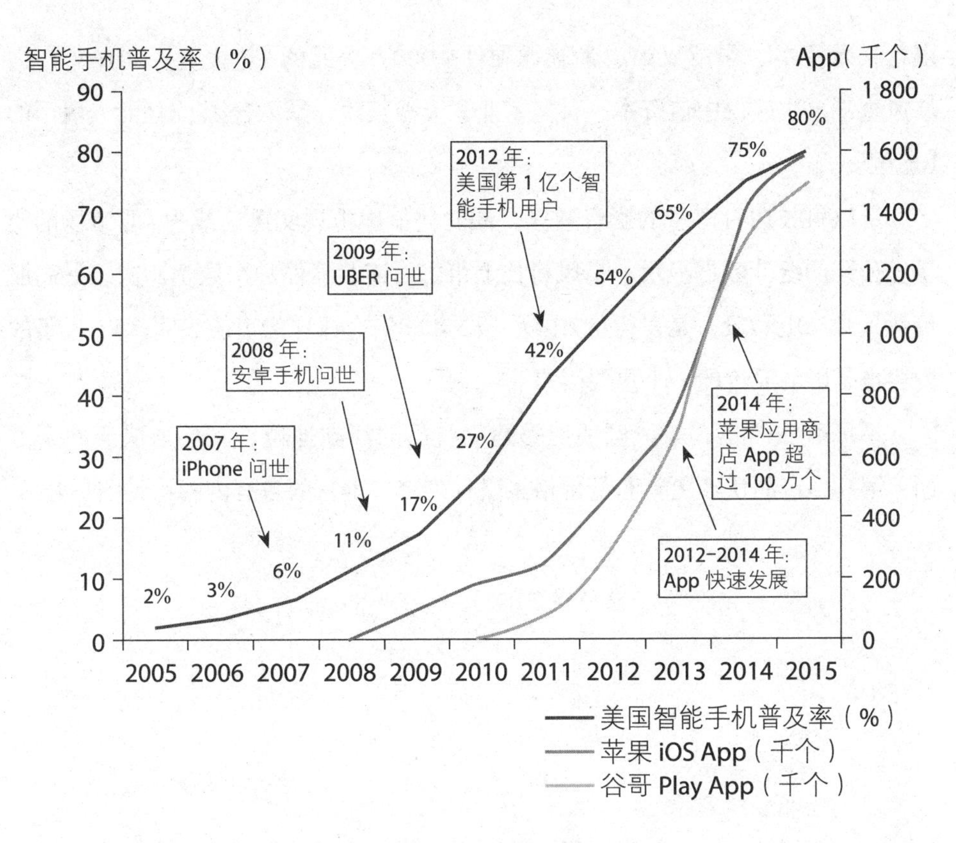

图 1–3　美国智能手机生态系统的发展轨迹图

在融资方面，蚁视科技也屡屡获得风险投资公司的青睐：2014年5月，蚁视科技获得PreAngel天使轮数百万元的投资；2015年12月，蚁视科技获得高新兴3亿元的投资。

这组数据足以说明，在单个项目上，风险投资公司能够投入上亿元，自然是这些投资机构非常看好VR技术的发展前景。不仅如此，这表明风险投资公司对VR技术的信心和期待是相当高的，否则也不会通过抢占硬件端来布局VR战略。

在进行VR硬件设计和研发的同时，自有VR内容也被提上日程。一般来说，在VR内容的提供方面，VR设备商往往是依赖自有平台。

纵观VR的发展史不难发现，自1995年至今，VR设备的内容往往都集中在设备自带的视频片段或者游戏这两块。比如暴风魔镜之所以能够取得巨大成功，是因为暴风魔镜将暴风影音专属应用作为其支撑。2015年4月，暴风魔镜赢得松禾资本、华谊兄弟、爱施德硬件1 000万美元的A轮投资；2016年1月，暴风魔镜再次赢得中信资本、科冕木业、天神互动、暴风鑫源2.3亿元人民币的B轮融资。

暴风科技拥有海量的影音视频，同时凭借虚拟现实迅速成为A股市场的明星。公开的统计数据显示，暴风科技上市之后连续涨停的次数达29次，最高股价达到327.01元/股，是发行价7.14元/股的45.8倍。这样的市值表明，VR设备的内容也是影响股价的一个重要因素。

不可否认的是，暴风魔镜能够建立自己的江湖地位，主要取决于两个方面：第一，产品快速更新和低价格策略；第二，丰富的自有内容，见图1–4。

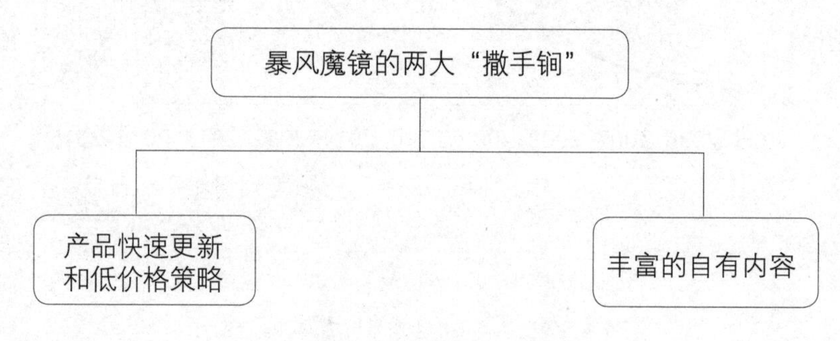

图 1–4　暴风魔镜的两大“撒手锏”

有研究者更是直言：“如果没有丰富、优质的内容，就无法让用户真正体验VR的乐趣。”这样的观点是非常客观的。在暴风魔镜已经建成的VR平台上，暴风魔镜拥有VR影视资源2万多部、全景视频700多部、VR游戏100多部，并已与美国狮门影业、传奇影业等影视公司达成合作。[①]

截至2016年3月，暴风魔镜的销量已突破了100万台，成为中国VR行业的领先者。这样的业绩足以证明，硬件产品由于拥有了自有内容的支持，因而在很大程度上影响了其销量，用户更偏好能有更多内容的产品，资本也更倾向于该类硬件平台。

① 董毅智.VR时代的竞争路径.法人，2016（9）.

第三阶段，开放平台、注重服务期

众所周知，目前的VR仍处在硬件研发、内容相对缺乏的第二阶段向开放平台、注重服务的第三阶段递进的过程中。

这样的现状无疑意味着，VR的形态还没有出现主流样式，其操作系统的兼容性依然较差，甚至还有的不兼容；其内容提供者由于各自为政，完全依赖自有平台提供影视作品、游戏；其服务也参差不齐。尽管各大企业正在积极地布局线下体验店，但还需要一定的时日。

为了完善操作系统的兼容性，谷歌高调宣布：将以安卓的模式开发VR操作系统，并采取开源的方式，以吸引更多的开发者。有学者撰文称："未来会不会将其打造成VR时代的安卓系统，我们拭目以待。"

尽管2016年被誉为"VR产业元年"，但作为VR产业来说，仍处于阶段过渡期。在该阶段，多家科技企业已占据大部分硬件设备市场，"小公司或者创业公司想要将硬件作为突破口非常困难；从内容来看，已经由自有内容发展到多样化内容提供，越来越多的创业公司开始从内容入手；从应用服务来看，更加注重线下服务，如体验店等"。

02

未来，VR 技术将广泛应用于诸多行业

未来，随着VR技术的普及，它无疑会被广泛应用于许多行业，如与人类生活息息相关的娱乐、医疗、教育、展览展示、房地产、工业设计、旅游等产业。又如训练方面，汽车、火车、飞机驾驶员培训，医生手术培训，等等。

这些广泛的VR技术应用绝不像一些研究者眼中一个VR头盔那么简单，它们不仅会产生海量的商业价值，同时还将促进更多的VR产业。

一个巨型的 VR 市场即将爆发

当VR的商业前景被越来越多的企业看好时，一个巨型的VR市场即将爆发。的确，越来越多、越来越快的VR头盔正在一波接着一波地发布，如Oculus Rift、索尼Play Station和HTC Vive。

市场研究与咨询机构Tractica发布的预测数据显示，在2014—2020年，不论是VR的硬件、内容方面，还是其他方面，都将迎来一个高速发展阶段——2020年，用户在VR软件和硬件方面的开支将达到218亿美元，见图1-5。

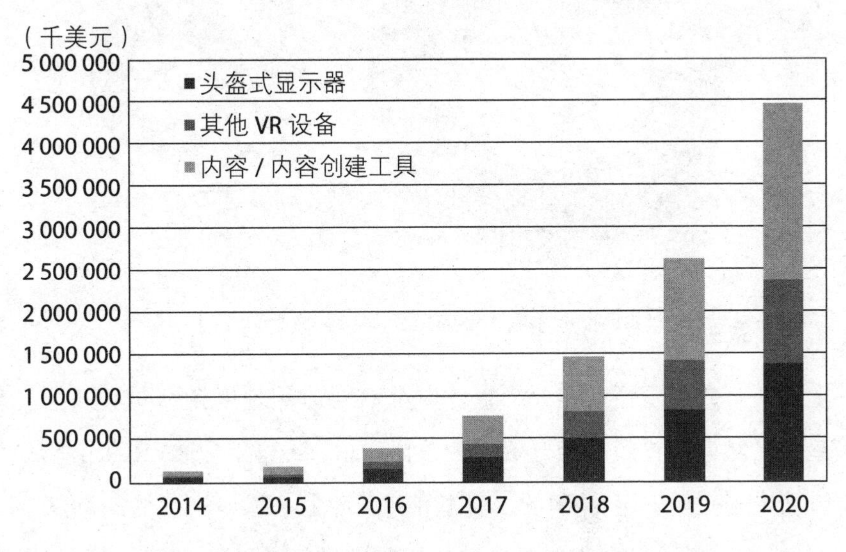

图 1-5　2014—2020 年 VR 市场规模预测

Tractica发布的预测数据足以说明，在未来几年内，VR成为未来的发展趋势已经无可争议。这样的趋势判断得到了另一家研究机构Digi-Capital的认同。

Digi-Capital的预测数据显示，2020年VR/AR的市场规模将达到惊人的1 500亿美元。需要指出的是，尽管具体的市场规模目前很难精准地预测，但VR/AR的市场规模增速是令人兴奋的，甚至可以与当初电视广告的出现相提并论；与此同时，该增速也远超其他广告形式的发展速度，见图1-6。

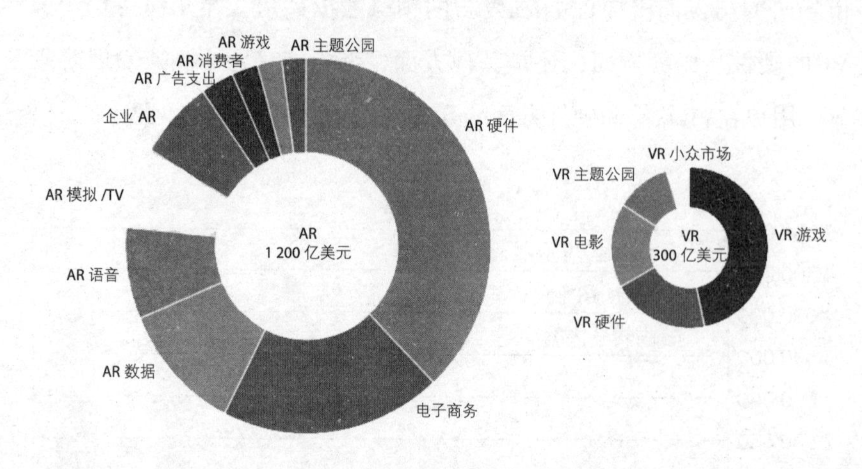

图 1-6　Digi-Capital 的预测数据（2020 年）

上述两组数据已经说明，尽管业内对VR的发展速度持不同意见，但VR的主流趋势已经毋庸置疑。公开资料的数据显示，2015年全球VR的出货量为220万部。在未来三年，全球VR的出货量预计每年翻一番，达到约2 000万部，见图1-7。此外，在所有的VR设备中，90%的VR设备需要与智能手机配套使用。

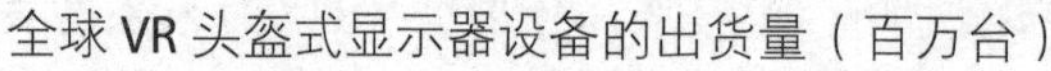

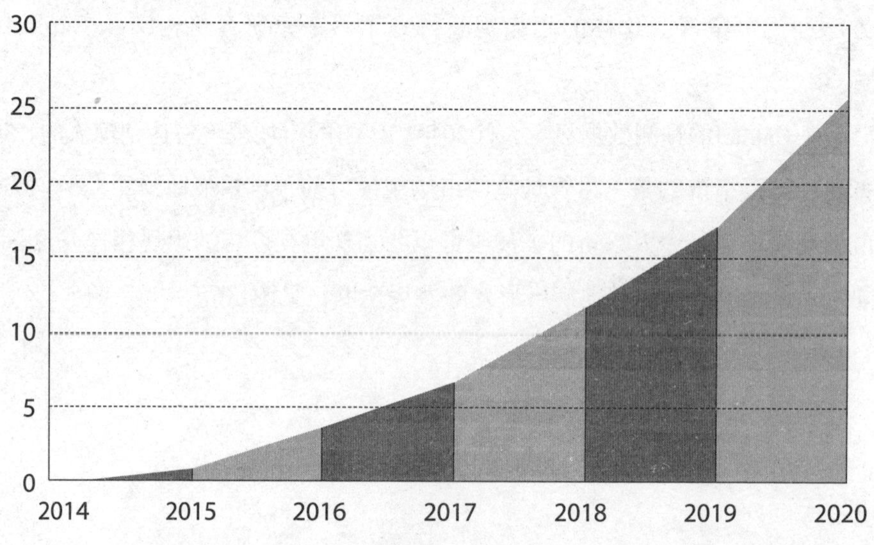

图 1-7　2015—2020 年全球 VR 的出货量将保持 99% 的年复合增长率

VR 潜在用户比想象的要多得多

一些研究者撰文指出："在不久的将来，虚拟现实技术将会影响甚至改变我们的观念与习惯，并将深入到人们的日常工作与生活中。"

暴风魔镜、知萌咨询与国家广告研究院联合发布的首份《中国 VR 用户行为研究报告》的数据显示，"在15~39 岁的人群中，听说过 VR 产品或相关知识并且对 VR 非常感兴趣的用户，占比达 68.5%。第六次人口普查数据显示，2014 年全国 15 岁至 39 岁的人口为 4.18 亿。综合上面两个数据，在这个人群中的 VR 潜在用户为 2.86 亿"，见图1-8。

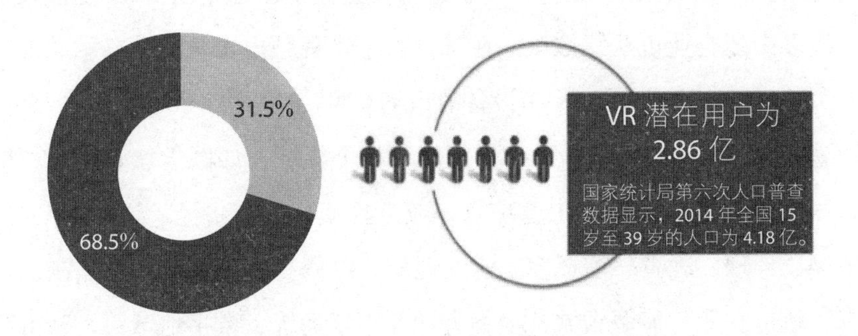

图 1-8　2.86 亿 VR 潜在用户

该报告指出，在这 2.86 亿VR潜在用户中，就有1 700 万浅度用户在2015 年通过各种方式接触或者体验过 VR 设备，其中96 万人购买过各种 VR 设备，见图1-9。

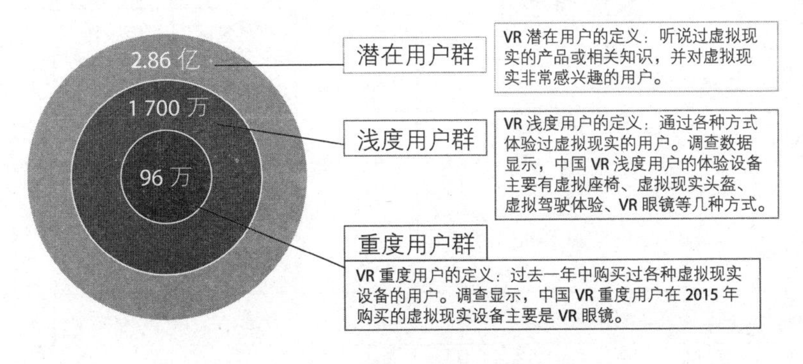

图 1-9　VR 潜在用户群、浅度用户群及重度用户群

该报告还发现，在中国 VR 重度用户中，男性的占比超过70%，在25 ~ 34岁的青年中占到了六成。

VR 的市场规模

当VR技术如火如荼地进行时，一个全新的视频市场——360度全景视频正在被开拓。尽管360度全景视频算不上真正的VR技术，但360度全景视频已成为多数用户体验VR产品的一条捷径。

研究发现，YouTube、脸谱、三星等科技企业都已经研发了360度全景视频平台，诸多中国企业也跃跃欲试。在《首份全景视频报告》的第二章“市场规模与巨头布局”中，就谈到了VR设备的市场规模。

随着VR技术的完善，VR设备将被用于多个领域，如医学、娱乐、军事航天、室内设计、房产开发、工业仿真、应急推演、文物古迹、游戏、Web3D、道路桥梁、地理、教育、演播室、水文地质、维修、培训实训、船舶制造、汽车仿真、轨道交通、能源领域、生物力学、康复训练、数字地球等。其市场规模十分巨大，见表1-1。

表 1-1　　VR 的市场规模

领域	当前市场规模	2020 年预测		2025 年预测	
		用户数	软件营收	用户数	软件营收
视频游戏	1 060亿美元	7 000万	69亿美元	2.16亿	116亿美元
事件直播	440亿美元	2 800万	8亿美元	9 500万	41亿美元
视频娱乐	500亿美元	2 400万	8亿美元	7 900万	12亿美元
房地产	美国、日本、英国和tflg 1 070万美元的房地产佣金	20万	8亿美元	30万	26亿美元
零售	30亿美元的电商软件市场	950万	5亿美元	3 150万	16亿美元

续前表

领域	当前市场规模	2020 年预测		2025 年预测	
		用户数	软件营收	用户数	软件营收
教育	50亿美元的教育软件市场	700万	3亿美元	1 500万	7亿美元
医疗保健	160亿美元的患者监测设备市场	80万	12亿美元	340万	51亿美元
工程	200亿美元的工程软件市场	100万	15亿美元	320万	47亿美元
军事	90亿美元的国防培训和模式市场	—	5亿美元	—	14亿美元

从表1-1可以看出，VR的用户数和软件营收预期都是非常可观的。VR次元独家发布的《高盛VR报告》（中文版）显示，在这些应用领域中，视频游戏、事件直播和视频娱乐三大领域将完全由消费者推动，占整体VR/AR营收预期的60%，剩余的40%由企业和公共部门推动，见图1-10。

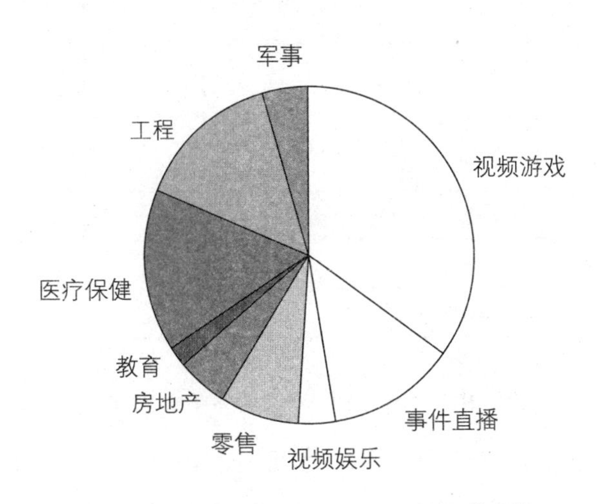

图 1-10　2025 年 VR/AR 九大应用领域的规模预期

从这个预测不难看出，VR作为一种全新的内容表现形式，对浅度用户来说仍具有巨大的吸引力，其潜在用户群比当今的在线视频用户群更大，甚至当今的在线视频用户是未来VR视频内容的目标用户。

当然，要想获得浅度用户的青睐，必须做好VR视频的创新内容。这不仅需要实现极致的VR体验，同时还必须在拍摄时使用360度全景摄像机。

2016年2月，高盛发布了题为《VR与AR：解读下一个通用计算平台》的行业报告。该报告显示，VR基本上是一种新的“讲故事”形式，需要与传统电影和电视不同的写作及制作技巧。从这方面讲，制作VR视频娱乐的成本很难预测。与视频游戏所面临的挑战一样，必须让好莱坞工作室看到VR电影的商机，这样它们才可能投资。高盛表示，基于标准预期模式，2020年该市场的规模为7.6亿美元，而2025年将达到32亿美元，见表1-2。

表 1-2　　　2016—2025 年 VR 视频的用户规模和营业收入

年份	VR 视频的用户规模（万）	人均营收（美元）	VR 视频营收（亿美元）
2016	96	0	0
2017	335	32	1.1
2018	839	32	2.7
2019	1 522	32	4.9
2020	2 365	32	7.6
2021	3 219	34	11
2022	4 138	35	14
2023	5 158	37	16
2024	6 392	39	25
2025	7 880	41	32

在该报告中，高盛指出：“由于VR视频尚处于吸引用户接纳和使用阶段，初期内容将免费，然后再收取订阅费用。参考Netflix的收费标准，预计2017年VR视频的每个用户平均营收为32美元，从2020年起每年将提高5%。”

03
2016年是VR爆发的元年

在资本时代的当下，VR技术被视为当前全球科技界公认的一大“风口”。一些学者直言，2016年将是中国VR产业爆发的元年，尽管匮乏的内容和应用已成为制约VR产业发展的“短板”，甚至VR产业生态圈也亟待完善，但VR的火爆依然在推动VR技术从行业应用进入消费者市场，加速虚拟现实的概念落地。

仅在2016年上半年，代表着全球VR前沿技术的重磅产品——Oculus、索尼和HTC的VR设备就陆续上市，快速提升了用户对VR产品的认可度，VR也由此迎来爆发元年。

一场由并购引爆的VR商业革命

奥运会历史上，在巴西的里约热内卢召开的奥运会开创了一个先河，率先采用虚拟现实（VR）技术进行奥运会赛事直播，力求更为真实地还原比赛的现场。

这是奥运会历史上与VR技术的首次结合，从而开启了奥运会直播的引擎。2016年，不管是媒体还是研究者，抑或是VR企业经营者、资本市场，都把2016年视为“VR产业元年”。

这样的转变还要从一次偶然的商业并购案例开始谈起。众所周知，尽管VR发展了数十年，其一直被视为军方或者科技领域的热词，但其概念真正地广泛传播，是由2004年美国的一次并购事件引爆的，自此被迅速炒热，甚至在中国市场也引发了资本追捧。

因此，一些雄心勃勃的创业者、科技巨头以及敏感的资本投资者都嗅到了VR巨大的商业应用价值，尽管目前VR技术不是特别成熟，其内容也相当匮乏，但这个残酷现实并不能阻止上述人士对VR商业价值的开发。

众所周知，虚拟现实是英文Virtual Reality的直译，简称VR，其技术以计算机生成虚拟场景为基础。目前，VR产品主要是头戴式虚拟现实眼镜，即VR头显。

纵观VR的发展简史，现在的用户对VR概念并不陌生。早在20世纪50年代末，电影制作人莫顿·海利希就曾发明了第一款VR设备。不仅如此，在20世纪90年代，由于VR被拓展到民用领域，也曾掀起过一次投资热潮，但由于VR技术及所开发的VR设备太过粗糙而不了了之。

VR沉寂多年后，却意外地广为人知，离不开此次脸谱并购Oculus的火爆事件。一些学者更是坦言：“VR行业被脸谱的一场收购再次引爆。”

虽然这样的观点有其片面性，但也能说明此次并购的商业影响力。该事件是指2014年3月脸谱以20亿美元的天价并购了VR公司——Oculus。

如此的天价并购，似乎其价值在于VR这个行业。据了解，Oculus公司是一个只有不到80名员工、没有任何正式产品的小公司，其创始人当时只有21岁。

脸谱的创始人马克·扎克伯格之所以出20亿美元的天价，是因为看中了Oculus先进的VR技术和发展前景。为此，马克·扎克伯格发文解释称：“终有一天，沉浸式虚拟现实将成为数十亿人日常生活的一部分。”

人们非常熟悉这样的宣言，上一次是多年前微软创始人比尔·盖茨所说的：“让世界每个人的电脑上都安装Windows操作系统。”

美国的《华尔街日报》《商业周刊》《财富》等媒体发布这一消息后，立即引发了谷歌、索尼、三星等科技巨头拓展VR产业的热潮，其后波及中国。在中国，VR的市场规模也在不断扩大。

艾媒咨询提供的数据显示，2015年中国VR行业的市场规模已达到15.4亿元，预计2016年将达到56.6亿元，到2020年国内市场规模将超过550亿元。这样的商业事件已经改写了行业历史，甚至成为一场由并购引爆的VR商业革命。

VR 市场的爆发点

从目前的VR产品形态来分析，VR产品大致可分为三类：VR头盔（+PC）、眼镜（+手机）、一体机（独立使用）。

在这三类产品中，PC端以Oculus 的Rift、索尼的PSVR和HTC的Vive为代表；移动端以谷歌的Cardboard和三星的Gear VR为代表。

研究发现，由于文化和国情等原因，对成本与场地要求相对较低的VR眼镜将成为中国VR市场的主流，并向一体机演化。掌趣科技CEO胡斌说道：“用户最初会购买200元以内的产品，在形成一定的使用习惯后，可能愿意更新到1 000元的一体机。”

在VR+传统企业的应用上，VR+视频、VR+游戏、VR+医疗、VR+教育、VR+建筑等，这些将是VR市场的爆发点，也是创业公司与资本投资者正在寻找或者拓展的蓝海市场的关键所在。

易观分析师赵子明在接受媒体采访时也坦言：“VR最大的爆发点应该在视频和游戏领域。在这两个领域，用户的体验提升非常明显，盈利模式也比较成熟，直接变现的机会很大。”

易观分析师赵子明的观点得到了胡斌的赞同，掌趣科技CEO胡斌同样看好VR+视频。谈到提升体验，掌趣科技CEO胡斌说道：“现在的VR产品多配备2K屏，看视频时有颗粒感。预计到2018年年初，4K屏应该能实现大规模商业化，到时用户会有更真实的视觉感受。”

不管是易观分析师赵子明，还是掌趣科技CEO胡斌，都非常看好VR+视频，他们认为这是VR市场的爆发点。在《传统企业，VR+在踢门》的公开课上，有学员问我：“周老师，在VR+时代，哪些企业将是VR的爆发点？”

经过我们团队的研究，如下几个类型的企业将成为VR的爆发点：

（1）硬件和底层技术型企业。目前，在VR市场上，VR市场的爆发点也可能出现在硬件和底层技术型企业中。现在，VR市场上知名度相对较高的相关企业（如乐相、诺亦腾等）在VR初期发展较快，赢得了资本市场的青睐，其受追捧的程度超出了这些经营者的想象。

为了更好地赢得自己的优势，构建围绕硬件或底层技术的生态圈，在世界VR企业中，在索尼、HTC、微软等科技巨头涉足VR后，在VR硬件领域，特别是在VR眼镜、VR头盔方面，这些科技巨头几乎就没有给其他初创企业过多的机会，但这并不意味着其他初创企业就没有机会。

暴风科技、小米这样的企业涉足VR后，依然能够脱颖而出，这就给大量投资于国内外上游先进技术和底层硬件的企业提供了一个成功的范本。因此，在未来的VR布局中，在核心硬件已经普及的基础上，初创企业还有很多机会。

（2）内容IP的拥有方（如游戏、影视、动漫、娱乐视频、教育等）。在VR的内容上，VR企业永远都缺少高质量的VR内容。相比于PC和手机，VR硬件的最终普及率同样很高。在终端数量相对庞大的情况下，其市场机会仍有很多，因而做成入口级的企业也是很有前途的。

（3）流量的拥有方。在未来的VR战略中，流量的拥有方（如百度、阿里巴巴、腾讯、暴风、盛大等企业）永远是VR的最大赢家。尽管这些企业处于VR的最前沿，它们的市场格局还将延续，但并不意味现有格局永恒不变，必然会有颠覆性技术改变目前的VR格局。

（4）线下体验店。VR体验店对于早期培育以及VR普及将起到非常关键的作用。比如传统商场、电影院、电子游戏厅、网吧、旅游景点、3D电影院、展览馆、教育培训连锁机构等，这些场所的人流较大，在引进VR设备后，必然会带来较大的人流量。例如，国承万通继发布了VR娱乐设备平台——StepVR之后，又开始与拥有丰富内容和线下落地能力的资源方合作，此举将推动VR线下体验店的迅速普及。

（5）电商与连锁渠道企业。众所周知，VR设备的落地需要通畅的产品输出渠道，因而电商和线下连锁渠道必将成为VR爆发的热点之一。例如，72变作为智能硬件的产品推荐平台，完成了智能硬件企业与C端粉丝用户的对接，同时还与各种线下资源和渠道相结合，这样的模式同样适用于VR产品的销售。

2016 年，VR 迎来了爆发

研究发现，对VR技术的研究始于美国，并经过了多年的发展。迄今为止，VR技术已逐渐进入实用阶段，甚至有专家断言：2016年是VR爆发的元年。

究其原因，VR技术率先在游戏、影视、动漫、体育等娱乐领域获得突破，使得布局VR的企业越来越多，如谷歌、HTC、三星等，这意味着VR将拥有更多的商业发展前景。

2015年，由于VR技术无比炫酷的科技感，让用户体验到了前所未有的"真实感"。同年，脸谱、谷歌、苹果、HTC、三星、微软等科技巨头纷纷涉足头戴式显示设备，同时还进入VR市场或在VR市场上增加了投资。

在这些科技巨头中，谷歌推出价格较低的纸盒VR眼镜后，立即赢得了用户的青睐，其受追捧的程度远超谷歌的想象；与此同时，谷歌还与《纽约时报》共同发布了首条VR新闻。

当科技巨头大举涉足VR时，此刻的VR已处在火爆的风口之下。不仅如此，中国的一些VR企业也在积极地拓展市场，有的企业还获得了迅猛发展的机会。除了3Glasses、蚁视、暴风魔镜、乐相等大众熟知的VR企业外，以BAT（指百度、阿里巴巴、腾讯）为代表的行业巨头也在积极涉足VR产业。

2017年8月，对于深圳VR硬件生产商3Glasses来说，没有什么比获得价值高达2.7亿元的合同订单更令人鼓舞的了。

随后，媒体记者试图采访3Glasses的媒体公关，期望他公布更多的合作细节。为此，3Glasses媒体公关坦言："这是一个海外的订单。因签有保密协议，不便透露更多消息。"

由于签订了保密协议，3Glasses官方自然不方便透露更多的合作细节。3Glasses签订了大订单后，立刻在VR行业里激起不小的涟漪。其原因是，在大多数VR企业还在反省应该如何存活下去时，3Glasses赢得价值2.7亿元的合同订单无疑是给VR行业注入了一针"兴奋剂"。

一石激起千层浪，虽然这让人眼红，但一个必须接受的事实是，3Glasses能够签下这样的超级大单，自然离不开实力。

对此，3Glasses媒体公关说道："第一，需要硬件方拥有完整的自主知识产权，双方要共同开发和优化用户体验，所以硬件方需要向其开放底层开发代码，也就是需要在底层架构上不存在任何侵权的风险。第二，硬件公司是否具有完善的对接内容的开发者平台，体现了硬件方对接开发者的能力、在国内市场能够覆盖到的用户规模以及向海外发展的潜力。第三，在硬件上要有足够的性能表现，包括120Hz刷新率、六自由度的交互方案等。这些刚好是3Glasses具备的素质。"

资料显示，3Glasses或许是国内最早的虚拟现实团队之一。早在2012年，3Glasses虚拟现实头盔就正式立项。其后，3Glasses创始人王洁打造了3Glasses品牌。

3Glasses创始人王洁介绍，她在虚拟现实领域已经耕耘10多年了。2002年，王洁涉足虚拟现实行业。2005年，王洁创立经纬度，带领中国最早的商业化虚拟现实团队。

王洁称，她涉足了从早期的三维仿真建筑浏览，到后来的VR头盔软硬件平台和VRSHOW内容平台，见证了中国民用虚拟现实产业跌宕起伏的发展历程。

2014年10月，3Glasses召开预售发布会，正式发布沉浸式虚拟现实头盔。虽然VR产品推出的时间不到一年，但该企业的估值已达到1.5亿美元，成为中国国内科技领域2015年发展最快的企业之一。

王洁说，研发和推出亚洲首款沉浸式虚拟现实头盔3Glasses，只用了不到一年的时间。尽管如此，3Glasses却让中国VR行业人尽皆知。

可能读者会问：3Glasses取得如此业绩，其耀眼的背后到底拥有怎样的实力？2014年年底，在MARS大赛组委会初赛评选会上，3Glasses第一版产品D1开发者版给评委们留下了深刻的印象。

当时，3Glasses第一版产品D1开发者版刚刚上线一个多月，尽管还没有正式开始发货，但向评委们展示了一种全新的生活方式，尤其是它让虚拟与现实变得没有边界。

王洁说道："根据马斯洛的需求理论，任何人都有精神层面的需求。但理想很丰满，现实太骨感，在现实生活中，大多数人的精神需求其实是难以满足的，所以就需要在虚拟的世界中去寻求这种精神层面的满足，如游戏、电影等。而3Glasses做的事情，就是让人们能够在一个更加真实的虚拟世界中去寻求最基本的精神需求，简单说来，就是让人们的情感在另一个维度绽放。"

经过30分钟的预赛面试，3Glasses以"科技"的标签拿到了进入MARS大赛全国总决赛的PASS卡。

在参加MARS大赛后的几个月，3Glasses进入了爆发式发展：

·2015年3月，3Glasses应邀参加美国GDC和巴塞罗那MWC展，与海外VR设备同台竞艳。

·2015年6月，3Glasses作为深圳新兴企业代表入驻深圳工业展览馆。

·2015年6月，3Glasses在北京召开"境 · 无止境"新品发布会，发布全球首款量产2K虚拟现实头盔3Glasses D2 开拓者版，其参数见表1-3。

表 1-3　　3Glasses D2 开拓者版详细参数

主要规格	产品类型	外接式头戴设备
	显示屏	TFT-LCD显示屏
	镜片	双非球面高透光学镜片 2K高清屏幕
	显示尺寸	5.5英寸
	刷新率	影像显示刷新率：60Hz 头部跟踪刷新率：1 000Hz
功能特点	传感器	Gyroscpe，Aceleromter，Magnetometer 1 000Hz
	接口	HDMI，USB接口
其他规格	外形设计	颜色：外星银，铂金
	产品尺寸	192.5×88×80mm
	产品重量	246g

据王洁介绍，3Glasses D2开拓者版只是该企业战略的一个部分，软硬结合构建VR生态才是3Glasses的核心竞争力。

在硬件配置方面，在推出之前，王洁带领的团队已拥有十几年的虚拟现实技术经验，3Glasses D2开拓者版在硬件配置上已达到国际水平。例如，3Glasses D2开拓者版拥有110度的视场角和小于13ms的延迟率，并且搭载了5.5寸2K高清屏，其分辨率是2 560×1 440，PPI高达534，清晰度比当时国内市场上的VR头盔最少高出一倍。

王洁坦言：2K高清屏、110度的视场角和小于13ms的延迟率，这给3Glasses D2开拓者版带来了无与伦比的沉浸感。

3Glasses的官网详细介绍了3Glasses D2 开拓者版的技术规格，见图1-11。

不仅如此，除了高配置的硬件外，3Glasses还拥有一套完整的技术方案，具体包含可以在VR头盔中直接操作的VR UI、能够让人们更自然操控VR头盔的

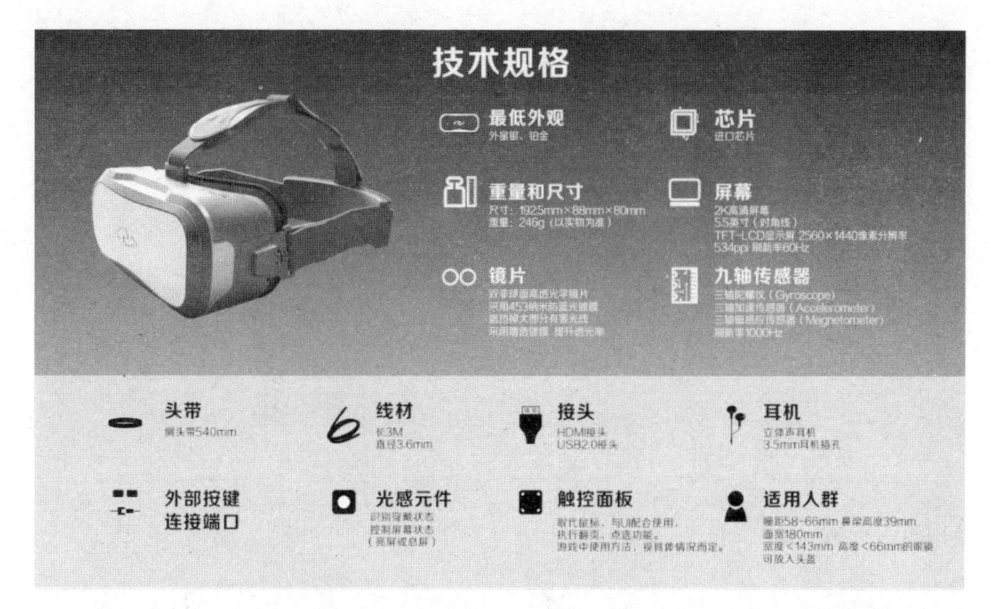

图 1-11 3Glasses 的技术规格

“体感魔戒”以及与动作捕捉系统Neuron合作推出的体感手套。

为了打造自己的核心竞争力，并给用户提供内容支持，3Glasses在2015年6月的发布会上，一次性发布了8款独家VR游戏内容和100个旅游景点的独家VR内容。3Glasses的官网分别介绍了3Glasses D2 开拓者版的VR游戏、VR视频、3D大片、直播、虚拟旅行等应用内容，见图1-12。

对此，3Glasses创始人王洁强调，除了游戏和旅游内容，3Glasses还与很多其他领域的内容提供商展开深度合作。例如，电影领域的米粒影业等。

在内容方面，3Glasses积极通过推出VR应用大赛和发布SDK，为VR头盔源源不断地输送优质的内容。

据王洁介绍，3Glasses正在逐渐形成一个集“平台+内容+硬件+交互”的产业生态。在3Glasses的官网上，分别介绍了3Glasses的应用领域，见图1-13。

在王洁看来，这种战略生态链布局对引导更多优秀内容进入VR行业将产生积极影响，非常有利于VR产业的发展和壮大。正因为如此，3Glasses成为微软中国区唯一具有自主知识产权和自有品牌的VR硬件合作伙伴。

3Glasses对VR的布局只是科技企业拓展VR的一个案例。在不远的将来，用

图 1-12　3Glasses 的应用内容

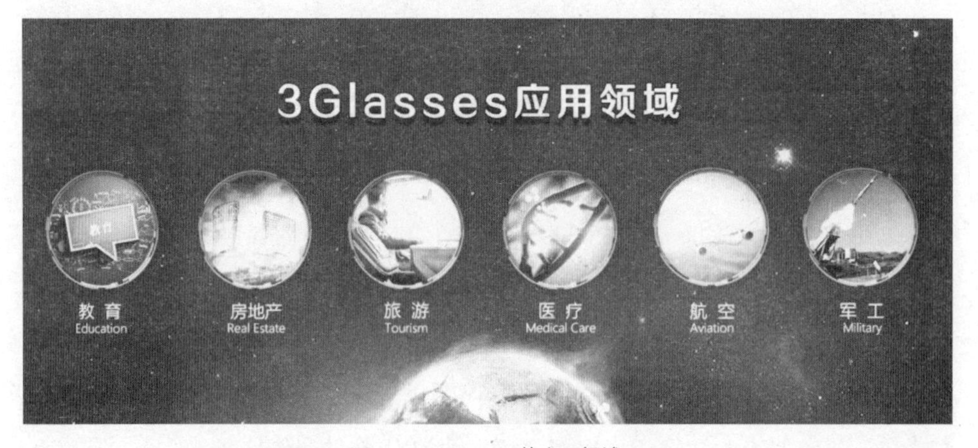

图 1-13　3Glasses 的应用领域

户戴上眼镜、耳机就能沉浸于某个内容之中不再是幻想。

此外，随着5G时代的到来，VR技术有望在游戏、影视、动漫、体育等娱乐领域率先突围，甚至一些企业在VR领域可能有更多的发展前景。

对此，学者王威在《2016互联网八大猜想 VR技术人工智能等受瞩目》一文中谈道："VR究竟能走多远，走多快？目前难以定论。不过，可以确定的是，2016年越来越多的发烧友将拥有属于自己的VR设备。如果在公共场合，'低头族'群体中出现'眼罩族''头套族'，千万别感到奇怪。"[①]

VR 时代已经如暴风雨般到来

与增强现实（augmented reality，AR）、混合现实（mix reality，MR）、人工智能（artificial intelligence，AI）等技术相比，虚拟现实技术正成为时下科技行业的新宠。

的确，随着VR技术的成熟和完善，其产业正在蓬勃发展，而且支持VR的设备（如手机）陆续推出。

在这样的背景下，由VR技术掀起的科技变革正在发生。在"两会"期间，一些报刊的记者已开始采用VR设备进行外出采访，媒体记者可以将新闻现场的实时情况利用VR设备直接传输到总部，总部的编辑人员可以及时捕捉现场画面，及时更新新闻信息。

不仅如此，在很多领域，以前出现在科幻电影中的某些情节，只要通过VR技术就可能呈现到我们眼前。可以预见的是，用户可以利用VR技术体验未来的新科技产品，同时还丰富了生活。

众所周知，在军事与航天工业中，模拟训练是一个非常重要的课题。这样的商业机会给VR提供了非常广阔的应用前景。

---

① 王威. 2016互联网八大猜想　VR技术人工智能等受瞩目. 人民日报，2016-01-15.

自20世纪80年代起，美国国防部高级研究计划局就一直致力于研究SIMNET虚拟战场系统，该系统可以提供坦克协同训练，并可联结200多台模拟器。

随着VR技术的完善，我们可以利用VR技术模拟零重力环境，用来代替水下训练宇航员的方法。

04
VR 的机遇与挑战

如前所述，随着新一轮VR浪潮的到来，VR技术正在成为产业界和资本市场竞相追捧及关注的焦点，一些中国企业针对终端设备、平台打造以及行业应用等都在积极布局。比如在终端上，暴风科技已提供VR产品；在设备上，中国企业已具备较强的核心竞争力；在内容上，一些创业企业正在积极打造游戏、影视等内容。

在这个繁荣的VR世界背后，我们需要清醒地认识到，人们对视频、图像的需求更为突出，因而对芯片运算能力和图像处理能力的要求变得更高。也就是说，更大的数据运算能力、更快的传输速度和屏幕刷新率、更短的延迟将成为研发者继续攻坚的重点。因此，传统企业在面对VR机遇的同时，面临的挑战也不小。

VR的挑战

2016年4月15日，德意志银行发布了一份关于VR的报告。该报告以Oculus Rift、HTC Vive、PS VR等主流VR产品为例，研究和分析了当时VR产品面临的机遇及现状。

该报告指出，VR的现状与2007年的智能手机相似。其理由是，在2007年以前，智能手机没有统一的外观设计，特别是其形式也多种多样。

在苹果iPhone手机产品被推出后，苹果iPhone手机改变了智能手机世界，也预示着新时代智能手机的真正来临。同时，苹果iPhone的推出，掀起了新一轮智能手机的创新热潮，而且热度不减，甚至一直持续到现在。

2016年4月，鉴于已经推出了几款台式机VR和大量移动VR头盔等产品，VR市场无疑出现了类似智能手机市场的激烈竞争环境，其中的一个特征是快速的开发周期和产品发布。

在此前的2~3年，早已出现了VR厂商不断推出新版本的台式机VR开发者工具包的现象，

与两年前相比，当前不仅是开发人员和资金都今非昔比，仅仅用于解决VR技术问题的资金和开发人员数量已是两年前的10倍，是五年前的100倍。在脸谱并购Oculus后，进入VR产业领域的风险投资就增长了3倍，甚至每天都有VR企业宣布获得了风险投资。

尽管VR如此火爆，但该报告认为，当前的VR生态系统与2007年智能手机的状况有点类似。在美国市场上，智能手机用户突破1亿只用了4~5年的时间。然而，相对于智能手机，VR的普及可能会相对慢一些，但足以撑起VR这个潜在的、庞大的商业市场。因此，德意志银行客观地分析称，对于VR来说，开发者要开发出能让消费者将VR融入日常生活中的应用程序，还需要数年时间。

在该报告中，德意志银行之所以这样认为，是因为VR当前主要面临下述三个挑战：

（1）移动VR目前尚未做到“完全在场”。因此，德意志银行认为，VR企

业要创建“在场”体验，其VR头盔的设计只是其中的一小部分，更重要的是CPU/GPU、追踪系统和软件。

不仅如此，有些VR企业生产的移动VR在帧率和延迟方面都没有达到“在场”标准，无法真正地让用户沉浸在VR体验中。此外，电池续航时间有限、缺少动作控制器以及存储空间有限等问题，同样影响用户的体验。

（2）台式机VR昂贵，而且仍有一些小的技术问题。当前推出的台式机VR，一个重要的困扰就是高昂的价格。对于浅度用户来说，首次体验VR可能需要耗资1 500 ~ 2 000美元的费用，其中还不包括购买VR内容。这样的价格自然影响浅度用户的VR体验。

（3）当前的VR内容缺乏。不仅如此，除了高昂的价格，还有一个问题就是VR的内容，这也是能否吸引用户每日互动的关键所在。目前，尽管一些企业已经有了不少比较“酷”的应用展示，但对于非游戏玩家来说，还没有一款应用是非游戏玩家必须拥有的。

因此，德意志银行直言不讳地指出：“对于台式机VR的早期普及，内容至关重要。在购买VR头盔（600美元以上）之前，游戏玩家很可能会评估可用的游戏内容。同时，许多AAA级游戏开发商正等待各VR平台的发展情况，以确定针对哪个平台进行开发。”

不过，我认为：德意志银行的观点有点保守，在目前热闹的VR市场上，我个人倾向于其爆发的时间会更短。

“完全在场”需要满足诸多的核心技术指标

“在场”是一个行业术语，用来描述一种VR体验。什么是“在场”？目前，Oculus首席科学家迈克尔·亚伯拉什（Michael Abrash）是这样定义“在场”的：“研究人员都知道，戴上VR设备后，让我们真正身处其中的感觉就叫‘在场’。‘在场’与沉浸其中也是不同的，后者仅代表你感觉到被虚拟世界中的图像所包围，而‘在场’是你感觉到自己正身处这个虚拟世界中。”

在迈克尔·亚伯拉什看来，“在场”具体是指让大脑认为自己正处于所见到或者正在互动的环境或场景中。比如用户在观看电影时，不仅是在看电影，而且身处电影中；当用户玩游戏时，不仅是在玩2D或3D游戏，而且身处视频游戏中；当用户观看走钢丝表演时，用户不仅是在观看走钢丝表演，而且像在钢丝上行走一样……

从这个角度来看，“在场”就是让用户带上VR头盔后，自我感觉正身处VR世界中。当然，VR要具备这种功能，还必须解决用户可能出现的晕动症问题，这就需要VR设备生产企业满足特定的技术规范，不论是硬件还是软件。

当然，VR企业要实现“完全在场”，就需要满足诸多的核心技术指标。这里的核心技术指标主要是指硬件和软件。在该报告中，德意志银行展示了当前主要的VR设备在这些标准上的满足情况，包括位置追踪、显示、镜片质量、校准、触觉和音频等，见表1-4。

表 1-4　　主要的 VR 设备在满足“在场”标准方面的对比

标准（最低要求）	PS VR	Oculus Rift	HTC Vive	Gear VR	Auravisor
可视角度（至少80度，越高越好）	一般	很好	很好	一般	一般
分辨率（最低1 080P，越高越好）	一般	很好	很好	很好	一般
刷新率（最低95Hz，越高越好）	很好	一般	一般	一般	一般
延迟（低于25ms）	很好	一般	一般	很好	一般
追踪（位置：1mm；方向：0.25度；范围：1.5米/面）	一般	一般	很好	无	无
相应像素（不超过3 ms）	不详	不详	很好	不详	不详
输入控制器	一般	一般	很好	无	无

从表1-4可以看出：第一，基于台式机和游戏主机的VR系统已经为VR的普及做好了准备，即使VR内容尚未完全到位；第二，VR企业要实现“完全在场”体验，移动VR仍需要一段时间解决问题。

究其原因，是因为VR企业要创建极致的“在场”体验，那么VR头盔的设计只是其中的小部分内容，更重要的是解决CPU/GPU、追踪系统和软件等问题。在此，我们以HTC Vive为例。

HTC Vive的VR设备已经满足了提供VR内容的技术规范以及支持VR的台式机。在这套系统中，如果要保证该设备正常工作，就需要在台式机上安装Steam VR API系统。这样才能将应用软件与硬件连接起来，以确保信号被发送到VR头盔和控制器上。

Steam VR API系统中包含了一套Lighthouse定位系统，而Lighthouse定位系统包含了一组固定的LED和两个激光发射器。LED每秒闪烁60次，而激光发射器会不断发射光线扫描整个房间。VR头盔和控制器上的传感器能检测到这些闪烁和激光束。当检测到闪烁时，VR头盔开始像秒表一样计数，直至检测到LED传感器捕获激光束。接下来，利用激光束照射到LED传感器上的时间与传感器位于VR设备上的位置，以数学方法计算出其相对于房间内Lighthouse定位系统的精确位置。如果有足够数量的LED传感器同时捕捉到激光束，就会形成一个3D形状，可以追踪VR头盔的位置和朝向。①

可以肯定地说，HTC Vive的出众之处在于集令人难以置信的显示、Lighthouse定位系统以及允许用户在广阔空间内随意移动（而非固定位置）等特性于一体。如果搭配上Touch动作控制器，Oculus也可以支持同样的功能，但要等到2016年下半年。索尼PlayStation VR也支持类似功能，但它的能力有限。

---

① 德意志银行.了解关于VR的一切，2016. http://chuansong.me/n/2851988.

VR内容需要进一步丰富

当前，能充分利用“完全在场”的VR体验内容十分稀少。德意志银行发布的报告就直言不讳地指出，当前能够充分利用“完全在场”的VR体验内容相对较少。在VR设备Oculus Rift中，尽管随机赠送了两款游戏EVE：Valkyrie和Lucky's Tale，其内容非常不错，但并没有将用户完全置于游戏之中。

在EVE：Valkyrie游戏中，尽管游戏的画面优质，但游戏的动作和视觉范围都存在一定的限制。上述两款游戏都采用X-box控制器，这无疑从某种程度上限制了用户的游戏体验。也就是说，上述两款游戏并没有充分利用“完全在场”的技术优势。

不可否认的是，用户的“在场”感觉并不局限于游戏，还可以应用于其他的一系列体验中，如医疗手术、音乐会、健身、商务会议和社交互动等。在诸多的VR体验中，VR企业必须做到慢速和近距离，以防止用户出现晕动症。

大量的事实说明，到目前为止，“完全在场”VR体验的最佳应用包括：

（1）Oculus Toybox。事实上，Oculus Toybox除充分利用了Touch控制器，还支持多用户模式。在Toybox平台上，用户可以相互查看对方。例如，两个用户对打乒乓球、使用道具对战、一起放烟花等。尽管这些均发生在VR世界里，却很好地展示了精准、自然的VR输入所带来的快乐。对此，脸谱创始人马克·扎克伯格说道：“这是我最近感受到的最疯狂的Oculus体验。”

（2）Tilt Brush。根据德意志银行发布的《了解关于VR的一切》指出：Tilt Brush相当于Windows“画图”工具的VR版本。

用户通过控制器可以在3D空间内绘画、雕刻。左控制器是该工具的选择器，右控制器是画笔，用户按住手柄后面的按钮拖动，就可以在空中绘画，具体的图形与画笔的形状有关，但画面是立体的。

可以说，Tilt Brush在绘画和雕刻中非常直观，对于学习者和使用者来说非常容易。HTC公开宣称，HTC Vive的预订用户都将免费获赠Tilt Brush。

（3）London Heist（《伦敦劫案》）。德意志银行发布的《了解关于VR的一切》指出，London Heist是专门为PS4和PS VR开发的第一人称动作射击游戏，它充分利用了PS的摄像头和动作控制器。用户可以完全控制自己的身体和手臂，有一种身处动作电影之中的感觉。

VR

第二章

VR 会是下一个风口吗？

01 不论是否承认，VR 都是下一个风口

2015年12月，中国VR企业大朋VR（上海乐相科技有限公司）对外宣布，其与迅雷、恺英网络达成战略合作，同时获得迅雷领投、恺英网络3 000万美元的B轮投资。

在大朋VR获得两轮融资后，其CEO陈朝阳在接受媒体采访时坦言："2016年会是市场爆发的元年，未来VR会进入一个高速成长阶段。"

在陈朝阳看来，大朋VR之所以赢得两轮融资，是因为未来VR会进入一个高速成长阶段。这样的观点得到风险投资者的认可。事实证明，随着风险资本和产业资本的陆续进入，VR成为下一个风口已是不争的事实。

"站在台风口，猪也能飞起来"

"站在台风口，猪也能飞起来。"当小米手机因掀起"新国货"运动而迅

速崛起时，小米创始人雷军的“飞猪理论”在过去的几年中几乎涉及各个传统行业。

在互联网+时代，各个企业家论坛都在疯传小米创始人雷军的“飞猪理论”——“站在台风口，猪也能飞起来”。

在雷军看来，当强大台风过境时，别说是猪，就算是一头大象也能被吹飞。当我梳理相关资料时发现，雷军的“飞猪理论”首次出现在2013年12月7—9日北京举行的“2013（第十二届）中国企业领袖年会”上。雷军认为，小米的成功，最最重要的是他遇到了一个“台风口”，这个“台风口”就是一头猪都能飞起来的“台风口”。如果你的企业想获得成功，雷军觉得应在你的能力范围里寻找属于你的“台风口”。

雷军的互联网+理论源于其经历。1988年，雷军参与创办金山软件，该软件公司在20世纪90年代挺火，而1999年互联网大潮开始的时候，或者互联网这个“台风口”来的时候，雷军正忙着做WPS和对抗微软，忙得不亦乐乎，根本无暇顾及。雷军坦言：“当我们2003年环顾四周时，发现我们远远地落后了。”

这样的恐惧和焦虑促使雷军向互联网转型，并最终赢得胜利。这也是雷军的“飞猪理论”被用来诠释“互联网思维”的巨大商业价值的具体案例。当然，雷军的“飞猪理论”旨在说明在互联网+的当下，很多企业家都打着灯笼到处寻找“台风口”，甚至连自己站在台风口都不知道。

可能读者会问，为什么小米能够飞起来，在成立后经过短短的四年，其估值已经达到上百亿美元。小米不仅找到了台风口，而且踩到了台风口上。究其原因，是雷军找到了打动用户的切入点。小米创始人雷军在接受《钱江晚报》记者采访时谈道：“我相信，没有人会否认小米给中国手机行业带来的巨变，中国的智能手机比以往任何时候都更便宜了，比任何时候质量都更好了。”

的确，小米就是中国手机业的一条鲶鱼，为消费者提供了满意的产品，正如雷军所言：“我就是想改变中国人对中国产品的印象……十年后的小米，不管体量有多大，仍会是一家坚持初心的创业公司，也是一家推动新国货运动、引领新国货走向世界的中国公司。”

在互联网+服务时代，经营者不仅要注重用户的参与，而且要将用户体验放在首位，同时也必须有建立在质量管理基础之上的极致思维。在经营中，经营者强调的用户思维，除了一切以用户为中心，还必须注重用户的参与感和体验感。由于移动互联网技术的普及，使得消费者通过移动互联网了解了海量的产品、价格、品牌信息，各企业之间的市场竞争更为充分、公开、透明。

前不久，我在给总裁班的学员讲课时，一个学员兴致勃勃地问：“周老师，我看过您的互联网相关著作，如《互联网+服务》《互联网化》《互联网+，如何加》，这几本书都谈到传统企业如何对接互联网的问题。在互联网技术已经普及和完善的背景下，VR能否成为下一个风口？”

客观地讲，这个学员的观点还是有一点代表性的。近几年，由于传统企业在转型和升级的过程中往往遭遇技术瓶颈或者思维瓶颈等问题，结果传统企业的困难被无限地夸大，一些不了解实体经济的财经记者唯恐天下不乱，撰写了一些所谓的传统企业倒闭潮这样的文章，使得不了解真相的人群纷纷在微信等自媒体中转载。因此，在这样的背景下，传统企业的经营者或者老板选择转型，或者选择其他蓝海市场作为突破口也就在情理之中。就如同刚才那位学员的问题，在互联网技术普及和完善之时，传统企业的互联网化也就成为不可阻挡的一个趋势。传统企业的经营者就必须在这个基础之上拓展其新领域的市场开发，而VR就是这样一个领域。

当然，如果将此问题置于两年前，这样的回答可能就有些变化，毕竟VR技术在当时没有完善。当VR站在台风口上时，火热的可穿戴设备已成为台风口上那头会飞的猪。

众所周知，在可穿戴设备中，移动VR只是其中的一种。当可穿戴设备成为炙热的商业大势时，脸谱创始人兼CEO马克·扎克伯格一眼洞穿了VR的商业潜力，而后脸谱以20亿美元并购了VR公司Oculus。

此后，一大波资金也随之疯狂，整个风险投资的资金似乎都涌向了VR，它们纷纷陷入了非理性的狂热之中。在中国，同样出现了这样的狂热，并使暴风魔镜成了中国股史上的第一“妖股”。

由于手机销量的不断下滑，为了求生存、谋发展的手机企业全部积极地行动了起来。不管是如日中天的华为，还是急欲转型、寻找蓝海市场的HTC等，这些企业都推出了一款令业界欣赏的VR产品，如三星Galaxy Gear和HTC Vive Pre。

其中，VR黑马——华为最为耀眼。华为作为手机新贵，在短期跃居世界第三、中国第一的位置，让世界刮目相看。不仅如此，华为在上海发布2016年旗舰手机——P9时，同时也发布了华为 VR。

华为发布P9和华为VR后，获得了媒体的一致好评，一些媒体和研究者认为：华为VR将是今后智能手机的标准配置，甚至成为智能手机的颠覆者。

不仅如此，VR是下一个风口的观点还得到了一些学者的认可。比如IEEE高级会员凯文·科伦（Kevin Curran）博士，他在接受C114独家专访时充分肯定了VR的市场前景。他说："对于科技业界人士来说，VR就是未来，这是一个无须多想的必然选择。"

在凯文·科伦看来，VR设备未来可能会与智能手机相融合，这也是大势所趋。究其原因，当VR浪潮不断向前发展时，一个VR的新时代已经来临，甚至成为"下一个风口上的猪"。

凯文·科伦的言论得到了市场研究公司IDC的印证。事实证明，市场调研数据不仅可以预测VR的商业前景，同时也能更加清晰地代表业界对VR的投资风向。

根据市场研究公司IDC的预测，2016年VR设备的出货量将超过900万台，是2015年VR设备出货量的近26倍（2015年为35万台）。到2020年，VR设备的出货量预计将达到6 480万台。

尽管VR设备的出货量高速增长，但其预测增长速度远远落后于10年前的智能手机。2007年，在苹果发布iPhone后，经过几年的深耕，2013年全球智能手机的出货量就超过了10亿台。

这样的数据对比旨在说明VR很难取代智能手机，两者是没有任何可比性的。在产业界，企业家对VR的前景非常乐观。在GTIC VR/AR 2016产业峰会上，HTC虚拟现实技术部副总裁鲍永哲分析称：仅仅5年的时间，智能手机的销量就超越了个人电脑，而VR设备超越智能手机，可能要用4年或更短的时间。

对于VR的商业前景，HTC与Oculus都非常看好，两家公司都认为：在未来8～10年的时间内，所有人都会拥有自己的VR设备。

尽管这样的预测有些过于乐观，但也说明了VR的巨大商业价值。虚拟现实研究专家周明全同样力挺VR的未来："虚拟现实是与整个互联网处于同一级别的基础技术。VR+新技术的创新路径可以是VR+大数据、云计算、物联网、3D打印等。VR+级别的革命可以改变世界的方方面面，所有可以虚拟的地方就有虚拟现实技术。"

VR 的商业前景到底在哪里？

当VR名副其实地成为"下一个风口上的猪"的时候，可能读者会提出问题：VR的商业前景到底在哪里？

这样的问题或许是企业经营者更为关注的问题。回顾2015年，VR产业的关注度非常高，一些媒体甚至把2016年视为VR产业元年。

需要提醒的是，VR不同于智能手机，几乎所有的手机企业都把核心研发和设计集中在硬件设备上，而VR产业尽管要求硬件创新，但更需要关注的是内容创新。因此，传统企业的经营者在拓展VR产业时，必须关注硬件和内容的研发设计。

众所周知，VR的整个产业链包括硬件、内容、平台、分发、开发者服务、内容制造商服务、垂直行业解决方案等，这也是VR商业前景的关键所在。

当然，要拓展这样的商业机会，不仅需要传统企业经营者的勇气和决心，同时还必须做到极致的VR体验，否则VR的世界将与传统企业无缘。作为经纬中国创始合伙人的万浩基就曾在接受媒体采访时坦言："硬件的投资风口已过，'独角兽'难以出现。"

在万浩基看来，VR硬件设备投资风口之所以已过，是因为：Oculus、谷歌、三星等大型厂商已经抢占了先机，留给初创企业做大的机会已不是太多，再加上创投机构只做“十亿美元的生意”。

对于万浩基的观点，我还是有些不赞同的，因为在任何一个商业时代，都不存在风口已过。如同狄更斯在《双城记》一书中所写的内容一样：

> 这是最好的时代，这是最坏的时代；这是智慧的年代，这是愚蠢的年代；这是信仰的时期，这是怀疑的时期；这是光明的季节，这是黑暗的季节；这是希望之春，这是绝望之冬；我们的前途拥有一切，我们的前途一无所有；我们正走向天堂，我们也正直下地狱。
>
> 时之圣者也，时之凶者也。此亦蒙昧世，此亦智慧世。此亦光明时节，此亦黯淡时节。此亦笃信之年，此亦大惑之年。此亦多丽之阳春，此亦绝念之穷冬。人或万物具备，人或一事无成。我辈其青云直上，我辈其黄泉永坠。

在前几年，当谷歌研发安卓操作系统时，媒体和研究者都一致批评谷歌公司的操作系统战略，几乎都认为不会成功，但我在总裁班上多次向学员讲述谷歌公司会成功，当时的学员甚至认为我是为了哗众取宠而发表此言论的。

时至今日，当年极力说谷歌做操作系统会失败的学员多次给我打电话表示歉意，同时我们还会探讨相关的未来趋势及战略。在VR产业开始布局的年代，就如同龟兔赛跑一般，在没有到达终点之前，谁也不知道谁是赢家。

在VR产业链上，不仅涉及硬件生产和设计，而且内容更为重要，因为丰富的内容是支持VR功能的关键所在。即使说风口已过的万浩基同样也不否认，VR内容和平台等还处在发展初期，传统企业经营者可以挖掘非常多的机会。

在VR内容的拓展上，仅在2015年就有超过5 000个开发团队在制作。这样大批量的VR内容拓展，无疑为VR产业链带来了乘法效应。这为VR内容产业出现爆发式增长打下了坚实的基础，同时也为VR成为风口提供了适宜其生长的土壤。

在中国，如优酷和芒果TV等视频内容平台均公布了自己的VR战略。

当大量企业聚集在VR产业链上时，不同的分工自然匹配着各企业的战略，也就是硬件与内容的研发和设计相得益彰、相互支持。究其原因，硬件设备是VR产业的基础，内容是支撑硬件研发和设计的动力，只有两者相互支持，才能良性循环并赢得发展。就如同一部智能手机，其极致的体验离不开优秀的硬件和软件，甚至包括内容生态。VR产业同样如此，在当下的VR草莽阶段，遍地都是做强做大的机会，只是机会都留给了那些敢于把想法付诸实践的人，没有大小之分。

德意志银行发布了一份关于VR产业的发展报告，该报告显示：到2017年，移动VR产品的销量将达到5 000万台（不包括一体机数据）。该报告还预测：2016年，Oculus的硬件营业收入将达到6亿美元，而应用商店的营业收入将为3 500万美元。

这组数据足以说明，VR的商业价值是足够大的，当科技巨头涉足硬件设计和生产时，同样也有无数的投资机会分布在内容和平台方面，因而传统企业涉足VR的机会很多；随着时间的不断推移，相应的商业机会也会大量涌现。

大量的事实证明，在终端的产业中，相关技术都是得到不断完善和普及的，就如同当下的互联网一样。第38次《中国互联网络发展状况统计报告》的数据显示，截至2016年6月，我国的网民规模达7.10亿，上半年新增网民2 132万人，增长率为3.1%。中国互联网的普及率达到51.7%，与2015年年底相比提高了1.4个百分点，超过全球平均水平3.1个百分点，超过亚洲平均水平8.1个百分点，见图2-1。

该报告的数据显示，在商务交易类应用发展上，其市场规模就不容小觑。

（1）网络购物。第38次《中国互联网络发展状况统计报告》的数据显示，截至2016年6月，中国网络购物的用户规模达到4.48亿，较2015年年底增加3 448万，增长率为8.3%。这组数据足以说明中国网络购物市场仍然保持快速、稳健的增长。

值得关注的是，中国手机网络购物的用户规模占据网络购物的绝大部分，达到4.01亿，其增长率为18.0%，中国手机网络购物的使用率由54.8%提升至61.0%，见图2-2。

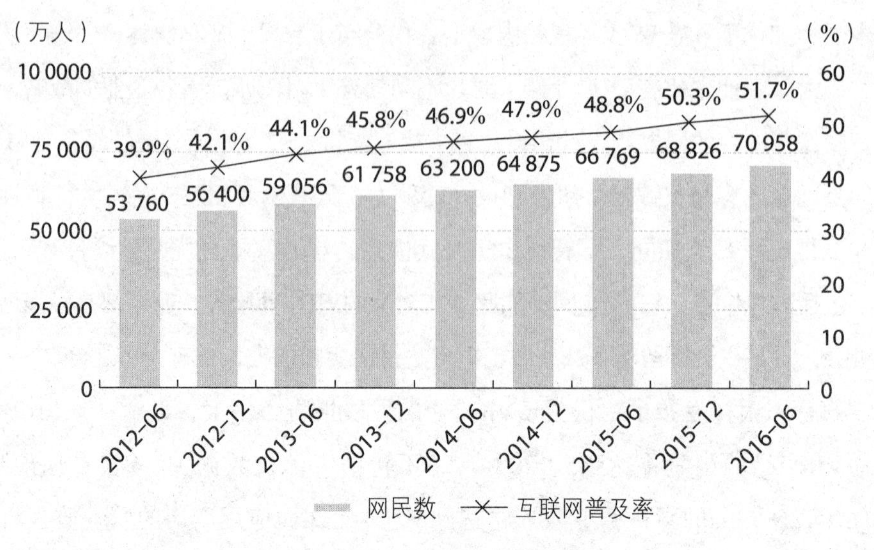

图 2-1　中国网民规模和互联网普及率

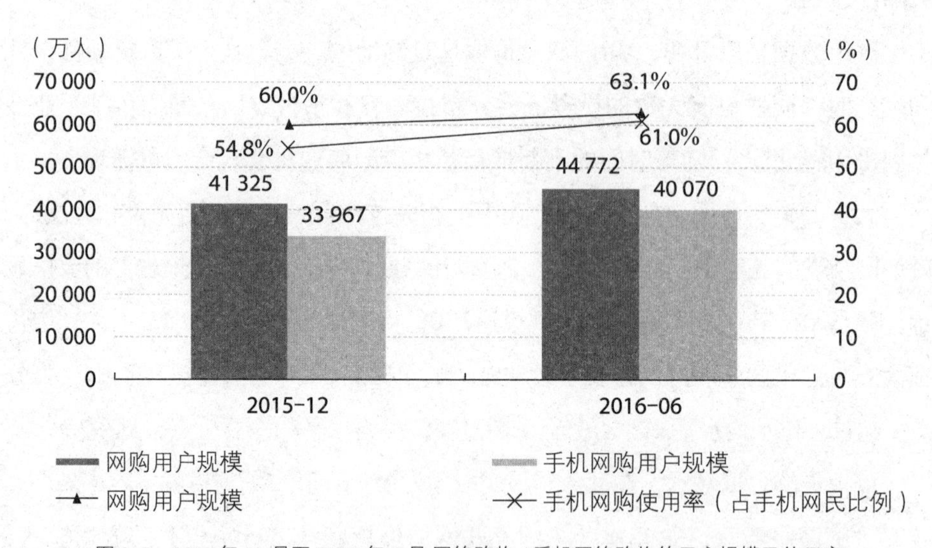

图 2-2　2015 年 12 月至 2016 年 6 月 网络购物 / 手机网络购物的用户规模及使用率

（2）网上外卖。第38次《中国互联网络发展状况统计报告》的数据显示，截至2016年6月，中国网上外卖的用户规模达到1.50亿，较2015年年底增加3 610万，增长率为31.7%。

需要关注的是，中国手机网上外卖的用户规模达到1.46亿，增长率为40.5%，中国手机网上外卖的使用率由16.8%提升至22.3%，见图2-3。

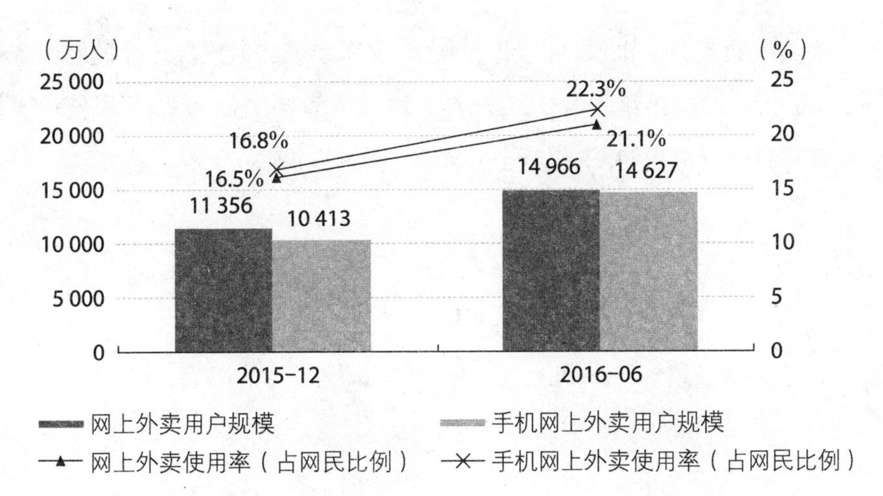

图 2-3　2015 年 12 月至 2016 年 6 月网上外卖 / 手机网上外卖的用户规模及使用率

（3）旅行预订。第38次《中国互联网络发展状况统计报告》的数据显示，截至2016年6月，中国网民在网上预订过机票、酒店、火车票或旅游度假产品的用户规模达到2.64亿，较2015年年底增长406万，增长率为1.6%。

该报告还显示，在网上预订火车票、机票、酒店和旅游度假产品的中国网民分别占比28.9%、14.4%、15.5%和6.1%，见图2-4。

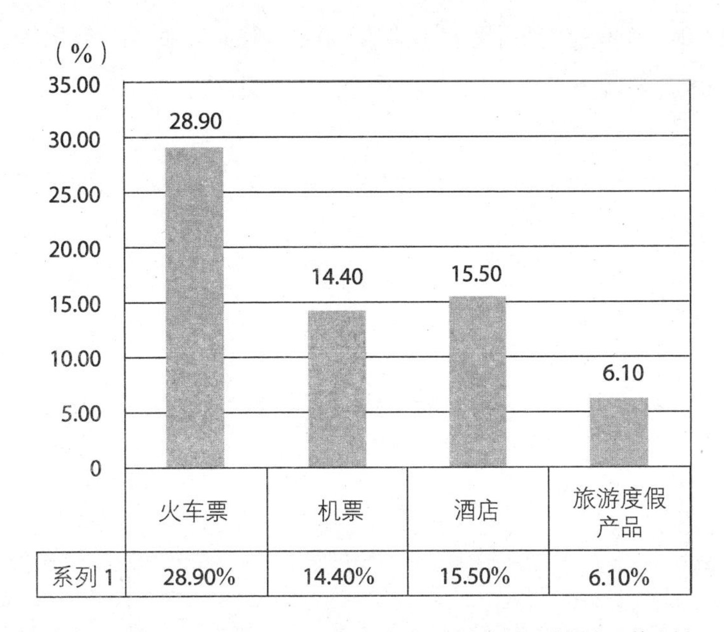

图 2-4　中国网民在网上预订火车票、机票、酒店和旅游度假产品的比例

需要关注的是，手机预订机票、酒店、火车票或旅游度假产品的网民规模达到2.32亿，较2015年年底增长2 236万，增长率为10.7%。中国网民使用手机在线旅行预订的比例由33.9%提升至35.4%，见图2-5。

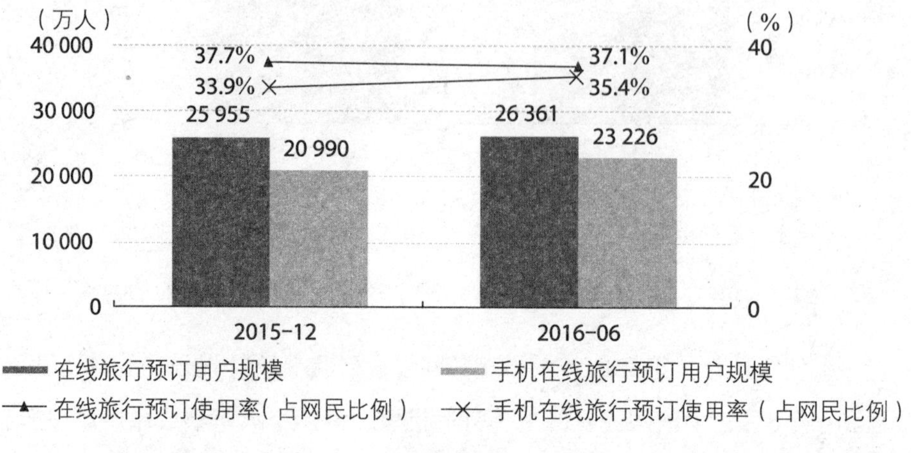

图2-5　2015年12月至2016年6月在线旅行预订/手机在线旅行预订用户规模及使用率

这组数据足以说明，当下的互联网已经孕育出庞大的商业市场。这样的趋势与VR类似。德意志银行提供的数据显示，用于解决VR技术问题的资金和开发人员已是两年前的10倍，是五年前的100倍。该报告提供的数据直言："几乎每天都有VR公司获得风险投资。"

02 撬动 VR 消费市场

在蓝海市场的战略布局中，许多创业者都习惯地把百度、阿里巴巴、腾讯当作市场的风向标，只要有百度、阿里巴巴、腾讯布局的方向，必然就会有大批的创业者涌入。

如今，百度、阿里巴巴、腾讯相继涉足VR产业，旨在撬动VR消费市场。在这些巨型企业的推动下，中国一个全新的风口正在形成。

发展 VR 消费市场

在消费市场上，总是“你方唱罢我登场”，当大数据的余温未了之时，VR趁着互联网+的浪潮尾随而至，先是站在投资的风口上，而后更是把这“火”烧进了激情澎湃的2016年。

2016年3月，作为千年古都的杭州热闹非凡。纵观历史就不难发现，杭州位于京杭大运河的南端，不仅风景秀丽，遍地都是人文古迹，尤以西湖风景区最为著名，而且是吴越文化的发源地之一，其历史文化积淀深厚。其中，具有代表性的独特文化包括良渚文化、丝绸文化、茶文化以及流传下来的许多故事传说。此外，杭州还是重要的商业重镇，凭借京杭运河和通商口岸的便利，以及自身发达的丝绸和粮食产业，造就了曾经繁华热闹的商业集散中心。

2016年，距离南宋开国（1127年）已近900年的杭州城，尽管不是中国的都城，但依然拥有数百年前的繁茂景象以及蓬勃生机。2016年3月，当VR热潮与这座古城亲密接触时，一个又一个的神话正在被改写——杭州攻壳科技有限公司完成了3 200万元的A轮融资，其在推出四款智能手环、两款智能手表后，再次高调宣布涉足VR产业。

随后，华策影视也向外宣称，拟以1 470万元的自有资金增资兰亭数字（持有7%的股权），旨在借VR技术给用户带来一种全新的娱乐体验。

在VR的巨大商机面前，一大批企业纷纷涌入，早在2012年开始布局VR产业的杭州映墨科技有限公司创始人冯国华感叹地说："尽管VR市场炙手可热，闯入者数不胜数，但VR消费市场并没有那么容易被撬动。除了资金、技术，还得依赖时机。"

冯国华的感叹源于其涉足VR产业后品尝的酸甜苦辣咸。在过去的一年里，冯国华曾以众筹的模式销售VR头盔，最终的结果却是用户褒贬不一的评价，VR头盔的"槽点"都集中在"VR内容配套跟不上"。

冯国华的观点得到杭州VR业内人士江新民的认同，江新民表示："目前VR消费市场还未打开，依赖C端市场盈利并不易，VR企业正受到市场战略、盈利模式的双重考验。"

尽管如此，VR的热潮并未因此而减弱，随着一轮又一轮的资本进入，表明资本对VR的热情依旧高涨。当然，任何一个新产品在刚刚推出时，其遭受的批评或许更为猛烈，这就可以解释为什么冯国华众筹销售5 530台VR头盔而遭到用户吐槽"内容太少"。

在涉足VR时，冯国华有着自己的雄心——"想做一款比Oculus更好的产品”。这样的产品定位，自然与冯国华的工作经历有关。

随着互联网技术的成熟和普及，冯国华看到了VR的巨大商机。2012年，身为航天企业技术人员的冯国华与两个志趣相投的朋友开始研发VR沉浸式头盔。2014年，三个联合创始人成立杭州映墨科技有限公司（以下简称“映墨科技”）。2015年6月，在拥有四代样机产品的基础上，冯国华决定以淘宝众筹的方式拓展用户端消费市场。

在这次众筹销售中，一共销售出5 530台VR头盔，销售金额达到156万元，可谓初战告捷，而且此次大捷让冯国华颇为欣喜。为了更好地向用户提供VR产品，冯国华带领团队以电话回访形式“追问”用户的使用反馈。

用户的反馈信息让冯国华措手不及，冯国华坦言：“反馈结果褒贬不一，买家的吐槽点大多落在‘VR内容太少’上。事实上，我们也想提供更多的VR内容，但现实情况不允许。”

在冯国华看来，此次反馈给自己增加了难度。究其原因，当时的中国还没有涉足VR内容的厂家，即便在欧美等发达国家，其VR内容也非常少。据冯国华介绍，在映墨产品配送的五六款内容中，只有两款是映墨公司自行研发的，其余则是在国外网站上淘了很久才淘到的。

当然，除了内容跟不上用户的实际需求外，冯国华还发现，教育用户如何使用也是一个现实的问题。冯国华介绍道：“询问如何安装、使用的买家太多了，有一个买家甚至给我们打了2个多小时的电话。身为初创企业，真的没有太多时间和精力去教育用户。”

C端市场的商业潜力有待挖掘

只要用户敢于尝试，就说明VR产品还是有市场的。初战大捷让冯国华深切地意识到，中国的VR消费级市场才刚刚打开，这说明其潜在的商业价值还是值得期待的。随着互联网技术的完善以及互联网+的普及，电商渠道成为VR

产品销售的一个重要平台。

为此，冯国华把电商作为一个重要的销售平台：“目前，国内VR产品的购买渠道主要是电商平台。”

在冯国华看来，依托电商销售是有数据依托的。电商平台的VR产品消费数据显示：2014年，中国VR电商的销售额为数百万元；2015年6月，销售额达到1 500万元；2015年8月，销售额呈猛增之势，达到3 000万元。

有鉴于此，冯国华发现了其中的商机：“可以看出，尽管国内VR产品的消费增速可观，但消费体量仍然非常小，它最多只占到了电商消费总额的万分之一。”

的确，当VR产品能够占到电商消费总额的10%时，这个巨大的VR消费市场就将被打开。此时，VR产品再不是少数用户的尝鲜之物，拓展C端市场也不再那么艰难。

为了更好地拓展C端市场，冯国华立即实施了战略调整——由2C转向B2B2C，即大商户→小商户→普通消费者。冯国华的理由是：“目前，我们正与一些传统企业合作，比如桌椅生产厂家，以便在特定行业进行虚拟现实的深度挖掘及拓展。”

这样的战略并非映墨科技独有。VR热潮席卷中国时，无疑会激发越来越多的VR企业研发C端市场，并积极地拓展B端市场。毫无疑问，这对VR企业是一件好事，因为这是最快速的VR技术变现方式。

为此，有研究者断言：尽管VR元年已经开始，但“消费元年”还要再等两年。该研究者的观点是VR产品的“舒适感”或成为竞争的核心。

不仅读者，很多研究者都关心VR产品的消费元年何时才能到来。对于这个问题，业内人士江新民认为至少要到2018年：“VR消费元年预计出现在2018年，因此还要再等上两年时间。”

不过，我比江新民更乐观。究其原因，2016年是VR产业元年，越来越多的企业，特别是像谷歌、脸谱、华为、三星等科技企业涉足VR市场，除了硬件头显生产企业之外，互动外延设备生产企业、内容生产企业、聚合平台等都将逐一崛起，构建一个完整的VR生态圈。这样的产业链必然吸引大量的资本进入，这就使得VR更加火爆。

众所周知，要想分享VR产品的蛋糕，VR企业必须研发更有“舒适感”的VR产品，这样才能引爆大众VR产品的消费市场。

此前，在杭州，一家自媒体主办了一场VR头盔的体验活动，多位体验者宣称：“画面立体感超强”“有身临其境的感觉”。其中，也有体验者坦言，此次体验“画质不太好”“头转得快时视线较模糊”“戴得不舒服”。因此，要想提供“舒适”的VR产品，就必须解决眩晕问题。为此，冯国华指出：“解决眩晕问题、增强头盔的佩戴舒适度，是映墨科技接下来的重点。”

据冯国华介绍，映墨科技已研发出全球第一款双镜片光学系统技术；不仅如此，映墨科技还与富士康达成了战略合作。2016年4月，映墨科技推出了采用自创图像处理算法的新一代产品，VR存在的眩晕问题也得到了显著改善。为此，冯国华自信地说：“相信通过技术打磨，几年后的VR头盔产品会为大家提供另一个现实。”

冯国华的观点得到了刚刚跻身VR领域的攻壳科技合伙人黄浩的认同。VR归根结底还是一个需要戴着舒服的消费品，因此在VR产品的研发中应以用户体验为重点，同时融入BONG手环最擅长的“无感佩戴”及“自然操作”两项优势。

03

VR+ 传统行业引爆各种风口

2015年11月，一直把VR直播作为主业的美国公司——NEXTVR获得了3 050万美元的A轮投资。此次参投方为金州勇士队等球队的老板彼得·格鲁伯（Peter Gruber）、全球最大的电视直播活动节目制作商和经营商之一Dick Clark Productions以及The Madison Square Garden公司等。

公开资料显示，NEXTVR公司已经创建了6年，在2015年已获得500万美元的投资，并与三星达成战略伙伴协议。该公司参加过许多知名的VR直播，如Coldplay演唱会、最新赛季NBA揭幕战以及2015年10月的总统辩论等。

当然，这些公司投资于NEXTVR主要还是非常看好VR直播的商业前景。企业赢得投资的青睐后，自然是把融到的资金用于研发VR内容。

VR内容的匮乏无疑已成为阻碍VR产业大爆发的一个非常大的壁垒，这已成为行业的共识。从上述投融资数据来分析，企业和资本方都有突破VR内容制约的决心。

VR 头显：头上的较量

2015年，在脸谱巨资并购Oculus的新闻发布会被报道后，VR头显就如雨后春笋般涌现。尽管VR头戴设备市场竞争激烈，可谓是硝烟弥漫，但缺乏有代表性的产品问世，甚至有研究者称，至今没有一款能够一统天下的产品。

在群龙无首的背景下，早在2015年，国内外厂商就蠢蠢欲动，特别是中国一些创业公司屡屡亮剑，展示自己的新产品。

研究发现，当前市场上的VR头显分为三类，即PC端头显、移动端头显和一体机头显，见图2-6。

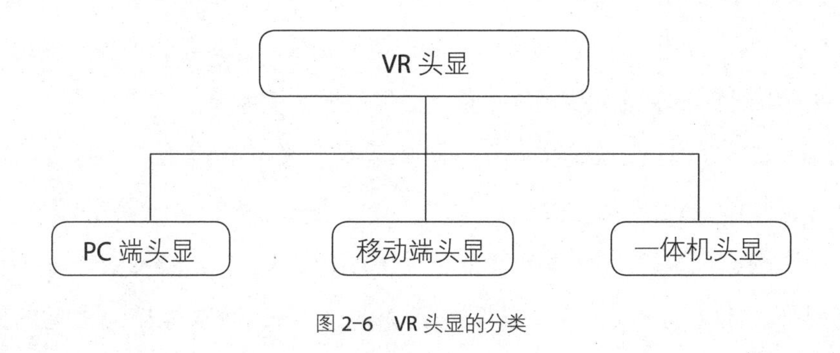

图 2-6　VR 头显的分类

（1）PC端头显。在PC端头显中，以OculusVR、Sony Project Morpheus与HTC Hive为代表，可以说呈现三足鼎立的态势。

在这三家VR企业中，Oculus VR的知名度最高。2016年，这三家VR企业都发布了消费者版VR产品。因此，有研究者把2016年称为VR头显元年。

2015年，尽管Oculus发布的开发版遭遇分辨率不高、运动追踪方面暂不完善等诸多问题，但由于Oculus VR有着为业界称道的参数，并且可优先使用Oculus所打造的VR生态圈资源，因此OculusVR被VR领域誉为无可取代的参考范本。

在中国，灵镜小黑、3Glasses、蚁视头盔分食了PC端头显产品市场。2015年，乐相科技发布了自己的产品——大朋头显，该产品与Oculus DK1、Oculus

DK2完全兼容，并且采用的是与Oculus合作的三星Super AMLED显示屏。因此，大朋头显被用户誉为中国企业研发的最接近Oculus的产品。

（2）移动端头显。随着智能手机的普及，越来越多的公司自然不愿错过涉足移动端头显的商业机会。在手机领域，销量霸主三星就推出了自己的移动端头显——Gear VR。

据悉，Gear VR被誉为目前市面上最优质的移动端VR头显代表之一。Gear VR适配三星旗舰手机。用户使用时，通过头部即可实现动作操控和感应器运作，如果用户连接上蓝牙游戏控制器，就会得到更接近传统游戏的体验。

不仅如此，谷歌也在研发移动端头显，相对于前两者，谷歌移动端头显——谷歌Cardboard相对廉价。

资料显示，谷歌Cardboard是一个由透镜、磁铁、魔鬼毡以及橡皮筋组合而成，可折叠的智能手机头戴式显示器，提供虚拟实境体验。

与Gear VR相比，谷歌Cardboard甚至看上去有点傻气。不过，花低廉的价格能够体验VR产品，让用户趋之如骛。谷歌Cardboard的售价为20多美元。在中国，同类产品有暴风魔镜、灵镜小白、VIR Glasses幻影等。在适配机型上，本土移动端VR大多都适配安卓、iOS、微软等较为常见的操作系统。

对于移动端头显的研发方向，Oculus创始人帕尔默·洛基（Palmer Luckey）研究认为："挣脱线缆束缚的移动头显才是虚拟现实的未来。"

（3）一体机头显。公开资料显示，当前VR一体机头显已成为一种趋势。2015年年初，在微软Windows10预览版发布会上，让人惊艳的全息影像头盔——HoloLens让该发布会火了一把。

HoloLens无须连接线缆，无须同步到终端，即可独立使用。用户在任何地点戴上HoloLens，都可以进入完全虚拟的世界，甚至可以到世界各地乃至外太空肆意遨游。

VR 内容：玩法的革命

在近年的一些新媒体营销论坛上，内容创业成为一个新的亮点。的确，内容不仅关乎创业项目的本身，同时也影响VR行业的极致体验。

为了解决内容缺乏的问题，一些企业早在2015年就开始启动VR内容研发，甚至有媒体报道称，VR内容已不再缺乏。

该报道举例称，比如在游戏方面，业界龙头Oculus Rift在Oculus Connect上公布了9款首发游戏以及11款支持Touch手柄的游戏，相比2014年只有Demo的Oculus Rift，其内容无疑丰富了许多。

目前，市面上的VR游戏仍以Demo为主。为了解决内容的问题，索尼和Oculus已宣称要开发多人游戏的Demo。

在中国，TVR时光机、超凡视幻、天舍文化等创业公司已开始研发VR游戏，但巨人网络、盛大游戏等游戏巨头因VR游戏所需投入的高昂成本，依然在观望。

尽管如此，早在2015年，VR的商业潜力就被激发了出来，即使在影视业，其表现也十分抢眼。2015年年初，在美国圣丹尼斯影展上，Oculus Rift电影工作室就展出了第一部影片——《迷失》。

据悉，Oculus Rift在2015年推出了一系列VR电影，如《斗牛士》、《亨利》和《亲爱的安赫丽卡》等。

这些实例无疑说明了VR的潮流锐不可当。比如2015年9月，由Fox和Secret Location联合发行的VR作品——《断头谷虚拟现实体验》就获得了艾美“互动媒体、用户体验和视觉设计”奖项。

此外，借助于VR技术，泰勒·斯威夫特的360度交互视频——*AMEX Unstaged*: *Taylor Swift Experience*也使她获得了自己的第一个艾美奖。

同年，世界也迎来了第一个虚拟现实电影节——万花筒虚拟现实电影节。万花筒虚拟现实电影节一共提供了20部影片，该影展从美国波特兰市开始，在美国、加拿大的10个城市巡回展出，时间是三个月。

当然，用户可以通过VR头显（Oculus Rift或三星Gear VR）体验艾弗拉姆·德森（Avram Dodson）执导的动画短片*The Last Mountain*、克里斯琴·斯蒂芬斯（Christian Stephens）制作的讲述遭受战争蹂躏的叙利亚城市阿勒波的360度全景视频*Welcome to Aleppo*。

2015年，最新一部电影《霍比特人》与Juant合作，用户佩戴谷歌Cardboard即可获得沉浸式体验。中国一些热门电影的预告片也运用了VR技术，如《有一个地方只有我们知道》《一万年以后》等。

在影视业，VR正在大踏步地前进，同时也给直播行业带来了新的商业想象空间。比如美国职业篮球联赛（National Basketball Association，NBA）早已开始试水VR直播。在演唱会方面，VR直播也如火如荼。2015年10月25日，腾讯采用VR技术直播了BigBang的演唱会，尽管该直播的清晰度不够，但它点燃了一众粉丝的热情。

不仅如此，传统的媒体也把目光投向了虚拟现实技术。例如，《今日美国报》就用VR技术制作了海量的高质量专题，诸如描述美国家庭农场的《丰收之变》、美国科罗拉多州韦尔滑雪锦标赛以及描述塞尔玛抗议游行的360度视频等，皆颇受好评。又如，2015年11月，《纽约时报》NYTVR正式上线，且免费向百万用户赠送谷歌 Cardboard，让他们体验该应用程序内的五款VR视频。

VR+ 正成为下一个风口

2016年，VR产业不仅在VR穿戴设备领域迎来大爆发，在其他领域，VR产品同样大显身手，如军事、娱乐、设计、展览、教育、工业、医疗、旅游等领域。

为此，有业内专家预测，医疗极有可能成为VR率先进入的行业。美国加州的健康科学西部大学就开设了一个虚拟现实的学习中心。

据悉，该中心由四种VR技术、两个zSpace显示屏、一个Anatomage虚拟解剖台、Oculus Rift和iPad上的斯坦福大学解剖模型组成。该校学生可以通过VR

学习牙科、骨科、兽医、物理治疗和护理方面的知识。

从这组数据可以看出,“VR+医疗”可以帮助医生进行大规模的手术练习,帮助医生克服感官和肢体方面的障碍。由于谷歌眼镜被业界批评无具体应用,面对这种质疑,谷歌眼镜研发了新的功能。

据《连线》杂志报道,斯坦福大学的研究人员正试图利用谷歌眼镜帮助自闭症儿童分辨和识别不同情绪,让他们掌握互动技能。目前,该研究处于临床试验阶段。

研究发现,VR技术应用在医学上具有非常重要的现实意义。当学生使用VR时,可以建立虚拟的人体模型,学生借助于跟踪球、HMD、感觉手套可以非常容易地了解人体内部各器官的结构。这样的技术运用比传统教科书有效得多。

在20世纪90年代初,皮珀(Pieper)及萨塔拉(Satara)等研究者基于两个SGI工作站建立了一个虚拟外科手术训练器,主要模拟腿部及腹部外科手术。在这个虚拟手术中,包括虚拟的手术台、手术灯,虚拟的外科工具(如手术刀、注射器、手术钳等),以及虚拟的人体模型与器官等。

借助于HMD及感觉手套,用户就可以对虚拟的人体模型进行手术。由于本身技术的原因,该系统需要进一步改进,比如提高手术环境的真实感、增加互联网功能、使其能同时培训多个用户或者可以在外地专家的指导下工作等。

事实证明,VR技术对手术后果的预测以及改善残疾人的生活状况,乃至新型药物的研制等都具有非常重要的意义。

特别是在医学院校中,学生可在虚拟实验室中进行“尸体”的解剖和各种手术练习。不可否认的是,运用VR这项技术可以不受标本、场地等限制,从而极大地降低了学生的培训费用。

为此,一些用于医学培训、实习和研究的虚拟现实系统的仿真程度非常高,其优越性和效果是不可估量和不可比拟的。例如,导管插入动脉的模拟器,可以让学生反复实践导管插入动脉时的操作;眼睛手术模拟器可根据人眼的前眼结构创造出三维立体图像,并带有实时的触觉反馈,学生利用它可以模拟移去晶状体的全过程，并观察到眼睛前部结构的血管、虹膜和巩膜组织及角膜的透明度等。此外，还有麻醉虚拟现实系统、口腔手术模拟器等。

当然，借助于VR技术，一些外科医生可以在真正动手术之前在显示器上重复模拟手术，移动人体内的器官，寻找最佳的手术方案并提高其熟练度。在外科手术的远距离遥控、复杂手术的计划安排、手术过程的信息指导、手术后果预测及残疾人生活状况改善、新药研制等方面，VR技术都能发挥十分重要的作用。

当然，不仅在医疗领域，而且在旅游行业，“VR+旅游”或将成为另一个风口。资料显示，不论是伦敦博物馆，还是北京故宫博物院，均为用户提供了一个虚拟现实观看的体验。谷歌公司也在VR领域推出了虚拟历史服务，不仅可以让用户看到庞贝古城、埃及金字塔，还可以让其到内部一览神奇。

近年来，涉足VR旅游的公司早已进行了布局，甚至已经盈利，如旅游公司Thomas Cook，该公司已在欧洲十个分店给用户提供了VR体验服务。用户选择好目的地后，只要戴上VR头显，就可以体验站在圣托里尼酒店海风拂面的阳台上或者坐直升机穿过纽约中央公园的感觉。

该公司的内部资料显示，VR技术让Thomas Cook公司取得了不错的业绩，仅在纽约，其项目的盈利就增加了190%。

除Thomas Cook公司外，万豪国际也曾推出过一项虚拟现实的旅行体验活动——“绝妙的旅行”，用户戴上Oculus Rift头盔后，就可以身临其境地置身于伦敦或是夏威夷的某个地点，其全过程均360度无死角。

类似的VR商业模式已在中国得到普及，如身临其境、乐客灵境等公司，它们整合了现有的VR软硬件产品，做成一个VR解决方案，而后提供给商场、公园、景区、游乐场等行业用户。

显然，VR的商业前景不只是医疗和旅游，虚拟现实与每一个传统行业的结合都可以诱发商业革命。当然，这种商业革命将随着人工智能技术的进一步成熟和完善，呈现出虚拟现实+人工智能+传统行业的发展趋势。这样的商业变化无疑在召唤一个新时代的到来，或许2016年只是一个开始。

VR

第三章

VR 颠覆用户的想象力

01

未来的 VR 将是“最具社交性的平台”

2016年8月31日，脸谱创始人马克·扎克伯格并没有因为意大利中部发生破坏性极强的大地震而推迟出席活动，毅然飞赴罗马举行了现场的问答活动，并与当地脸谱用户进行了近距离的交流。

当被问及脸谱是否会像《精灵宝可梦Go》（*Pokemon Go*）一样改变人们的生活时，马克·扎克伯格答道：“我来到罗马的真正原因就是要寻找一些稀有的宠物小精灵。此外，我认为虚拟现实（VR）和增强现实（AR）将是有史以来最具社交性的平台。”

在马克·扎克伯格看来，正是因为未来的VR将是“最具社交性的平台”，所以脸谱才出资20亿美元并购Oculus，正式入局VR激烈的竞争。马克·扎克伯格在宣布该收购时表示：“Oculus的职责就是让你体验一切不可能，该技术打开了全新体验的大门。”

很显然，马克·扎克伯格认为，VR对于社交有着巨大的推动作用，甚至在广告领域也有巨大的潜力。这样的观点得到了Digi-Capital报告的印证。

Digi-Capital预测，2020年AR和VR的市场规模将达到1 500亿美元。这样庞大的市场份额正是吸引许多公司（包括谷歌）开始专注于VR和AR领域的一个重要原因。

VR 能够颠覆用户的想象力

2016年，VR无疑成了科技行业最热门的话题之一，特别是在科技巨头争先恐后地涉足VR产业后，媒体把2016年称为VR的元年。

众所周知，VR作为下一个风口，不仅涉及各个传统的行业，同时也逐渐颠覆了用户的想象力。回顾几年的VR大事记就足以说明，VR的潜在商业价值不容小觑。

2014年，脸谱公司以20亿美元的价格并购虚拟现实技术公司——Oculus VR。时任脸谱公司 CEO 的马克・扎克伯格就曾宣称，计划将Oculus拓展到游戏以外的业务上，他坚信虚拟现实将成为继智能手机和平板电脑等移动设备之后的焦点。

事实证明，马克・扎克伯格的观点有其前瞻性。在第五届全球移动游戏大会（Global Mobile Game Confederation，GMGC）——GMGC 2016上，VR逐渐成为游戏行业新的关注点。

当移动游戏的热潮逐步褪去时，现今如此火热的VR自然被游戏行业普遍看好。尽管大多数用户对VR较为陌生，但VR技术已开始推动传统行业的深度发展。

在2016年世界移动通信大会（Mobile World Congress，MWC）期间，三星为了更好地推广其VR产品——Gear VR，甚至通过VR技术直播了发布会，同时还在每个记者的座位上放置了一台VR设备。

不仅如此，马克・扎克伯格在三星的发布会上宣称，未来的VR将是“最具社交性的平台”。收购Oculus后，脸谱也曾希望作为一个“社交平台”。基于VR

设备，用户不仅可以体验游戏和观看电影，还可以进行互动交流。目前，脸谱已组建了一个专门负责在虚拟现实情景中创造社交互动的团队。

2016年被视作VR的启动元年

在Oculus Rift、HTC Vive、三星Gear VR、索尼PS VR等产品被推向市场之后，VR内容也迎来了首轮爆发。这样的变化足以说明，VR已成为科技行业中最热门的行业之一。

2015年，调研公司Juniper Research发布的数据显示，此前的VR技术只是吸引了科技爱好者的极大兴趣，但2016年该技术将逐渐走进主流消费者市场，同时VR头盔的价格在2016年将进一步下降，其应用空间也将从游戏市场拓展到其他领域。

2016年年初，Juniper Research发布的报告预测：未来VR产业的市场规模有望在10~15年内突破万亿美元大关，这预示着VR的应用和产业化将迎来较大发展。

为此，网易科技中心副总监杨霞清在2016年3月25日第三季开物沙龙VR活动上表示，网易之所以选择在深圳举办VR的活动，是因为看重深圳非常强的硬件产业链基础。杨霞清指出，VR／AR首先要搭建从上游至下游的完整生态圈，而丰富的VR内容等将是吸引消费者的一个关键。

在该VR活动现场，左右视界的CEO杨傲飞也介绍了VR领域的影视内容。杨傲飞称：该公司邀请了《黑客帝国》的武术指导陈虎加入，并拍摄了全球首部VR功夫电影——《寅虎》。这是一部真正将VR技术运用到影视艺术中的跨界电影。杨傲飞坦言，《寅虎》将会被拿到美国硅谷创业节上，希望到时候能震一下美国人。

在谈到为何首选VR来制作功夫电影时，杨傲飞坦言：功夫电影最能体现中国文化，《寅虎》作为中国的国际化大制作，融合了好莱坞与硅谷元素，同时也是竞技时代VR+泛娱乐战略的深度体现，有助于打通产业链。至此，竞技通过VR+泛娱乐打造的生态圈越来越清晰。

02

VR+ 改变了传统行业

研究发现，在人类历史上，新科技的出现总是在改变人们的生活，甚至很多传统行业的经营都逐渐被改写。当VR技术汹涌来袭时，其动向同样被媒体、研究者以及诸多创业者所关注。

当VR涉足传统企业时，让人人都用上VR，才是VR引爆需求的爆发点。可以肯定地说，VR技术不仅会改变传统行业的经营模式，同时也会改变用户的产品需求，无论是对医疗、电影、教育还是对游戏行业都将产生影响，并成为下个时代最前沿的技术。

VR+ 正在改变传统行业

对于传统企业来说，当互联网+大行其道时，谈论VR+似乎有点过早，甚至不合时宜。坊间还流传一个关于VR的段子：有人说VR就如同白日做梦，而

AR就如同晚上见到了鬼。众人皆赞!

将VR作为黑科技的重度VR用户目前还不是太多，即便在VR热潮汹涌的当下也是如此。为此，有媒体还拿VR与AR作比较，“当人们开始尝试理解和弄懂VR/AR技术的概念与区别时，这两个新鲜玩意儿也开始走下神坛，进入寻常百姓的视野”。

事实上，早在2012年举办的“第21届中外管理官产学恳谈会”上，用户就超级前瞻地领略了AR技术的神奇：“只要用手机摄像头对准当届会刊中一幅电影《1942》的素描画，就能马上看到该影片一分钟的片花；对准1436（服装品牌）的平面服装模特，镜头里的模特马上就会换上十多种不同款式的服装。”

当时，参会的用户纷纷惊叹AR的神奇，不过大多数用户没有搞明白什么是AR。在当时，有研究者撰文称，AR技术不过是博人眼球的新鲜噱头。当然，这样的观点显然是不恰当的，因为不论是四年前的AR还是现如今的VR，都开始对传统行业产生前所未有的重大影响。

可能读者仍不明白，VR技术作为裸眼AR技术的初级版，目前还要依靠专业眼镜来体验，到底为什么如此火爆?

在研究者看来，市场在一段相当长的时间里都没有出现一个集运算中心、流量入口、平台、娱乐、应用等所有功能于一体的终端产品了。在2007年，iPhone就是这样的产品。

当然，VR的火爆还在于它就像互联网一样，能够“+”所有行业，如旅游、地产、教育、医疗、培训……不仅在国外，中国也有不少VR企业在经过半年的狂奔之后，进入了公众视野，如专注于VR样板间的“指挥家VR”、探索VR旅游的“赞那度”、打造VR游戏的极乐互动以及布局VR影视的“兰亭数字”……

在VR领域，这些中国VR企业不仅开始了自身的商业化探索，而且有的企业已经斩获了自己的蓝海市场。当然，在VR火爆的时刻，作为研究者，理解VR技术带来的商业革新才是我们研究的重点，也是我撰写本书关注的问题之一。

不可否认的是，有些研究者过于悲观，认为VR会像3D或者O2O一样，最初轰轰烈烈地展开，却因企业的不坚持而销声匿迹。

当然，这样的忧思是情有可原的。不过，我更愿意相信，VR与当今的移动互联网一样，势必对传统行业产生强烈的冲击。

究其原因，我们更愿意用理性的思维看待VR这场技术变革。当年，很多企业不了解O2O，但随着互联网技术的普及，越来越多的服务企业都在调整自己的商业模式，有的企业不是打着互联网+的旗帜，就是打着O2O的旗帜。在泥沙俱下的泥流中，能够做到不让O2O商业模式“缺胳膊少腿”的企业少之又少，在炒作概念的背后，其实还是对服务的漠视。

每当苹果推出新产品时，一些批评的论调依然如故，但让他们困惑的是，苹果的产品依旧热销。尽管有研究者认为，目前苹果依旧热销的原因是库克精于成本控制。

客观地讲，在实际的经营中，绝不是拥有一两款具备创新性的产品就万事大吉了。因此，这类观点忽略了一个事实——无论是乔布斯时代的苹果还是库克时代的苹果，它们都具有其他品牌产品所不能及的品质和技术。

尽管每个用户对品牌的理解各有不同，但品牌是建立在始终如一的价值交换和品质的基础之上的。每当遇到产品质量问题时，没有几家企业能像苹果一样敢于面对产品的质量问题。

因此，品牌是建立在品质这个大厦的基础之上的，由于很多手机企业注重短期利益，自然不注重品质要求。

在这样的背景下，一个O2O模式的概念绝对不足以支撑企业的服务。O2O在各行各业的应用中必须做到两点，见图3-1。

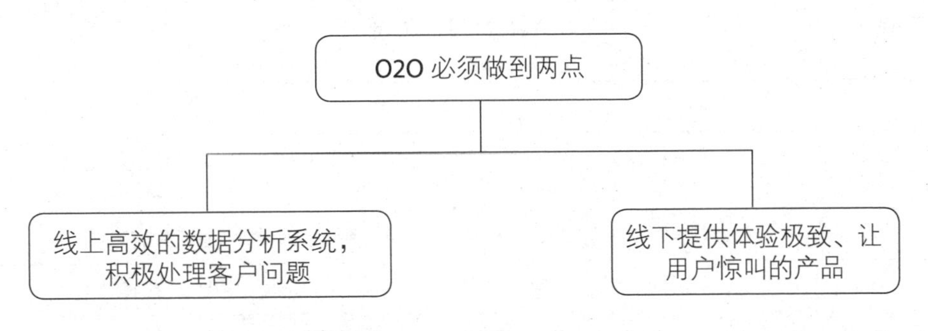

图 3-1　O2O 必须做到的两点

然而，随着O2O市场需求的深度发展，线上交易、线下体验服务的趋势已经越来越明显，越来越多的行业加入O2O的大军中，如互联网+装修、互联网+搬家、互联网+家政、互联网+中介等。

由于这些行业没有标准化服务，再加上用户需求的多样化、个性化，自然造成了品牌辨识度低、用户重购买率低，仅仅凭借互联网+装修、互联网+搬家、互联网+家政、互联网+中介等为噱头来增大客户与商家的交流，其服务质量肯定是堪忧的。这也是当下O2O大量倒闭的原因。炒作概念，创业者没有真正理解O2O，以为搞一个网站，再加上几个快递员就是O2O了，这种做法本身就是错误的，因为真正的O2O是建立在用户体验的基础之上的。

VR+ 重塑后的商业走向

前不久在一个论坛上，一个企业家非常恐慌地说："马云已经正式宣布VR购物问世，实体店活不下去了。"

在该企业家看来，在传统行业被VR+重塑后，其商业走向势必发生改变，这就是他恐慌的原因所在。

的确，当传统行业可以用VR+技术展示时，无疑传统行业的商业模式被VR彻底重塑。究其原因，VR具有如下几个特征，见表3-1。

表 3-1　　VR 的四个特征

特征	内容
多感知性	多感知性是指VR除了具备计算机所提供的视觉感知以外，还具备听觉感知、触觉感知、运动感知、味觉感知、嗅觉感知等。
存在感	存在感是指作为主角的用户在模拟环境中感受到真实的世界，甚至身临其境。
交互性	交互性是指用户对模拟环境内物体的可操作程度和从环境中得到反馈的自然程度。
自主性	自主性是指虚拟环境中的物体依据现实世界物理运动定律运作的程度。

从VR的四个特征可以看出，VR技术是仿真技术研发的一个重要方向，也是仿真技术与计算机图形学人机接口技术、多媒体技术、传感技术、网络技术等多种技术的集合。

研究发现，VR技术主要包括模拟环境、感知、自然技能和传感设备等方面。众所周知，模拟环境是由计算机生成的、实时动态的三维立体逼真图像。感知是指理想的VR应该具有一切人所具有的感知。自然技能是指由计算机来处理与人的头部转动以及眼睛、手势或其他人体行为动作相适应的数据，并对用户的输入做出实时响应，再反馈到用户的五官。传感设备是指三维交互设备。

在人类的进化过程中，人类从来就没有放弃过探索的脚步，特别是在计算机和互联网技术改变了人类的生活后，人类就一直在畅想未来生活方式的各种可能性。例如，由著名影星布鲁斯·威利主演的《未来战警》(*The Surrogates*)。

在这部电影中，人类只需将大脑接入网络，即可通过思维来控制“未来战警”代替自己做一切想做的事情。

在基努·里维斯主演的《黑客帝国》(*The Matrix*)中，同样有着类似的情境。该电影讲述了在矩阵中生活的一名年轻网络黑客尼奥发现，看似正常的现实世界实际上似乎被某种力量控制着，尼奥便在网络上调查此事。在现实中生活的人类反抗组织的船长莫菲斯，也一直在矩阵中寻找传说中的救世主，最终在人类反抗组织成员崔妮蒂的指引下，尼奥和莫菲斯见面了，尼奥也在莫菲斯的指引下回到了现实中。此时，尼奥才了解到，原来他一直生活在虚拟世界中，而真正（电影中）的历史是在20××年，人类发明了AI（人工智能），然后机械人叛变，并与人类爆发战争，人类节节败退，在迫不得已的情况下，把整个天空布满了乌云，以切断机械人的能源（太阳能），谁知机械人又开发出了新的能源——生物能源，就是利用基因工程来制造人类，然后把他们接上矩阵，让他们在虚拟世界中生存，以获得多余的能量，尼奥就是其中一个。

相比《黑客帝国》，《三体》可能描述了更加温和的“虚拟现实”。《三体》讲述了在红岸基地人类文明初次向宇宙进行探索后，开启了与计划殖民地球上的三体文明间的生存之战。《三体》电影的主角发现了神秘的三体文明在虚拟世界里对于人类世界的渗透。这个虚拟世界就架设在互联网之上，所有的场景都是虚拟出来的，所有的感觉都是通过一套游戏装备中的传感器（触觉、味觉、嗅觉等）传递到主角身上的。①

事实证明，人类在文化上的探索超越了军事和经济。在上述美国电影中，往往用科幻作品对未来进行探索，很多电影中的场景现在都成了现实，甚至有研究者认为，科幻作品可能是最好的预言家。比如《黑客帝国》和《三体》，这两部电影涉及的就是如今火遍全球的VR技术。

众所周知，在20世纪80年代初，美国VPL公司的创建者杰伦·拉尼尔（Jaron Lanier）提出了VR这个概念。

研究发现，VR技术的发展史大体上可以分为四个阶段：第一阶段（1963年以前），有声动态的模拟蕴涵了虚拟现实的思想；第二阶段（1963—1972年），虚拟现实开始萌芽；第三阶段（1973—1989年），虚拟现实概念产生和理论初步形成；第四阶段（1990—2004年），虚拟现实理论进一步完善和应用。

2015年，VR技术随着互联网+商业模式的到来而备受关注，真正成了互联网+商业下半场的风口。不论是谷歌、苹果、脸谱还是BAT，都纷纷涉足VR，甚至鳞次栉比的VR创业公司也如雨后春笋般成长起来，即VR的全面崛起已成为一个不争的事实。

---

① 穆胜.VR+传统行业，改变了什么？. 中外管理，2016（7）.

VR

第四章

VR 经济的核心是体验经济

01

VR 营销的梦想即将照进现实

“欢迎您来到未来！在这里，您只需戴上一副眼镜即可身临其境地聆听音乐会。指挥家和音乐家都近在咫尺，乐谱似乎触手可及，立体音效逼真无损，为您带来360度全景式体验。细看指挥家用指尖的小动作传达音乐感情，近看音乐家一抬眉、一顿足，比身在音乐厅拥有更多细节、更多感动。”

事实上，用户体验这样的音乐会不用等到未来。2016年4月30日晚，中国第一场采用VR技术录制的古典音乐会——“莺歌燕语”黄英独唱音乐会已在上海东方艺术中心上演。

在音乐会上演几周后，用户就可以通过观看VR视频欣赏音乐会现场的每一处细节，聆听每一个音符在耳边环绕，全方位感受黄英的舞台魅力。

用户成功体验这场音乐会后，甚至不禁感叹：“VR，终于来了！”大量的事实证明，任何一项技术从构想到实际的应用，再到被市场大众所接受，不仅需要多人的努力，更要倚仗得天独厚的商业大势。第一批VR技术的创造者已经等待了太久，其中发明Sensorama的莫尔顿·海利希已经去世，而其他人在经历了漫长岁月后终于迎来了资金、软件、硬件的曙光。不仅如此，甚至VR营销的梦想即将照进现实。

通过VR体验进行营销

除了音乐会之外，中国很多综艺节目、话剧、演唱会、音乐节等均不断地拓展VR的蓝海市场。

在《VR+电影会是门好生意　但还有很长的路要走！》一文中，其作者善意地提醒经营者："所谓的VR电影、综艺、直播等影视娱乐内容，其实要具备两个特点：一是光场，用户能够自由穿行在虚拟的世界中；二是交互，用户能够与设备、内容进行交互，人与人之间也能进行交互。但是，目前所有的影视内容皆为全景视频内容，在交互和自由穿行方面并没有特别大的进展，还处于初级新奇体验阶段。也就是说，现在市面上要推出VR影片、VR影视娱乐内容的大多数公司，其营销目的大于研究目的。"

在该文作者看来，"一档好的综艺节目，题材选择、内容设计、明星阵容、播放平台、资源调配等因素是非常关键的。除此之外，对于一档单季12集、周期很长的综艺节目来说，外来竞争产品很容易导致节目受众的分流，因而做好市场运营工作、提高用户黏度成为非常重要的一个环节"。

为此，该文作者指出："常规的市场运营工作主要包括线上/线下活动、明星互动、周边花絮内容以及强推广、跨界合作和与其他节目交叉推广等；对于千篇一律的推广、运营方式，用户非常容易产生疲劳感，而VR作为一种全新的体验方式，无论是在内容表现形式上，还是在交互上，都有不同的体验，所以目前市面上很多综艺节目均开始尝试做VR内容试水。"

客观地讲，正是因为通过VR营销，很多商业（特别是电影）才获得了不错的营销效果，比如迪士尼的《奇幻森林》就获得了不错的口碑。截至2016年4月24日，《奇幻森林》高居票房榜首，排片率为28%，累计票房超过6.45亿美元。这样的数据得到了百度指数的证实，见图4-1。

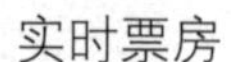

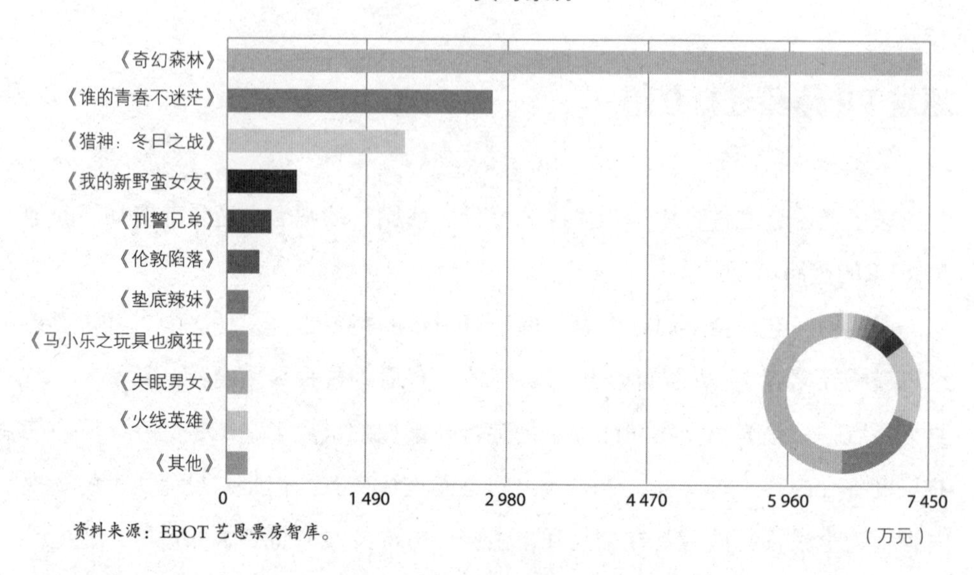

图 4-1　百度指数

从百度指数不难看出，2016年4月8日前后通过VR体验活动的营销，《奇幻森林》的热度持续增高；在2016年4月15日影片正式上映后，迅速引爆票房，此后热度迅速回落，直至2016年4月20日回到稳定增长的状态，见图4-2。

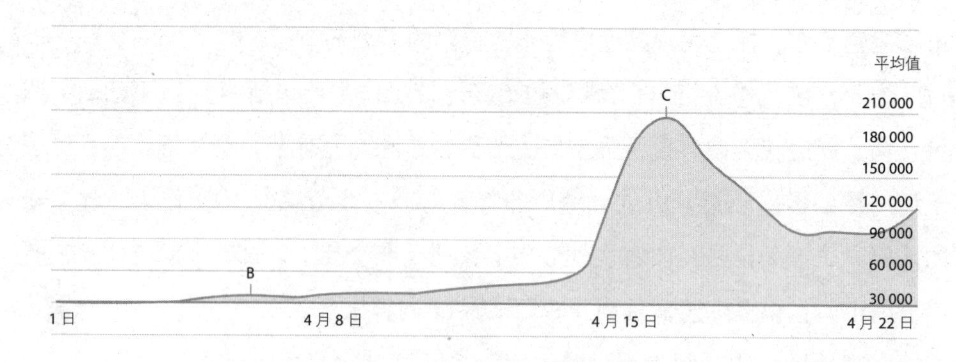

图 4-2　《奇幻森林》的百度指数曲线

当电影结合VR进行体验营销时，其整体的营销效果非常明显。由于VR概念在用户群中的普及力度越来越大，用户数量越来越多，同时还给用户带来了全新的体验，这样的营销更为可行。

VR 将变成最具互动性、最能吸引消费者的营销手段

众多科技企业之所以乐于拓展VR产业，是因为它们把VR当作一种媒介——流量接入口，不仅可以通过“赞助内容”广告的形式来吸引用户，还可以与用户互动。

的确，在过去的三年中，从事广告创意的兴高创意设计有限公司（Happy Finish，以下简称“兴高创意设计”）通过使用VR技术为自己的合作者——知名的品牌企业提供了一系列极具互动性的广告宣传。例如，阿斯达（Asda）、泰德·贝克（Ted Baker）、河岛（River Island）、皇家全国救生艇协会（RNLI）、霍尼韦尔（Honeywell）、地铁（Subway）、沃克斯豪尔（Vauxhall）、雷诺汽车（Renault）和WHIST（英格兰艺术理事会资助的一个项目）等。

可以说，兴高创意设计不仅让这些知名品牌企业较早地接触了VR技术，同时还能占据先发优势——给用户提供无与伦比的VR体验。

众所周知，VR对用户的行为具有极大的影响力，可以刺激用户的购买欲望。大量事实证明，VR广告可以提高点进率。

究其原因，VR能够给用户提供一个无缝的沉浸式体验。用户既可以直视前方，又可以回过头去看后方；用户既可以仰头看上面，又可以低头看下面。这样的360度视觉体验让用户真正体验到VR的身临其境。

为了提升用户的忠诚度，兴高创意设计为知名品牌企业策划和设计了一些内容十分强大、极具吸引力、让用户过目不忘的VR广告。这样的VR广告让用户深切地体验到知名品牌企业的产品和服务，能让用户铭记，同时也会令用户对企业心生敬意。

例如，兴高创意设计为英国超市巨头——阿斯达创作的万圣节VR体验，

就是其中的一个经典案例。该案例足以说明，高质量的VR广告可以让一个品牌与众不同。

基于此，在社交网络上，该广告让阿斯达迅速走红，而且消费者在万圣节购物时将阿斯达作为了首选零售店。

这则VR广告采用360度摄像机拍摄，以4分钟的VR电影形式展现。该广告介绍了一群在万圣节期间“敲门取糖人”的奇特经历。

在该广告被上传到YouTube后，其视频点击量达到130万。不仅如此，阿斯达用户也可以通过阿斯达品牌的谷歌Cardboard眼镜观看这段VR广告视频。

在部分零售店内，阿斯达免费发放定制版Cardboard VR眼镜。当用户观看这段广告视频时，阿斯达还提供True View资讯卡——YouTube广告呈现方式之一，能在不影响观看视频的前提下带来更多互动——给用户提供额外的产品信息，甚至还包括“点击购买”选项。

阿斯达用户沟通主管克里斯·查尔默斯（Chris Chalmers）介绍说：“通过与谷歌和YouTube合作，兴高创意设计为万圣节期间的消费者提供了一种全新的、有趣的沉浸式体验。事实证明，这是一次非常成功的创作。”

克里斯·查尔默斯还称：“这段视频让我们的客户在社交网络上吸引了消费者的极大关注，并遥遥领先于竞争对手。与此同时，客户对我们的评价也是相当积极的。有如此多的消费者观看了视频并进行了互动，我们也很感动。”

目前，兴高创意设计在英国伦敦、中国上海、印度孟买、美国波特兰和纽约等地设有工作室。不仅如此，兴高创意设计还与许多全球性品牌企业合作制作VR广告。近期，兴高创意设计与全球广告巨头WPP旗下的群邑媒介集团签署了战略合作协议，帮助客户制作VR广告。

兴高创意设计为赛百味设计了一次备受欢迎、同时又赢得高度互动的VR宣传活动。在赛百味推出新款熏牛肉三明治时，兴高创意设计邀请了450多名伦敦消费者以“虚拟方式”畅游纽约市。

究其原因，该款三明治是专门根据纽约市的消费者口味生产的，兴高创意设计租用了两辆黄色的纽约出租车，还让一名服务员邀请路过的行人坐进出租车免费品尝这款新三明治。

当行人品尝三明治时，他还可以戴上VR头盔，“浏览”纽约的街道。为此，兴高创意设计再现了行人坐在汽车顶部，在享受美味的同时，浏览纽约的街道。

兴高创意设计正是通过创作手段展现了多感官特别逼真的视听体验，使得行人好像真的在纽约旅游。

此次宣传活动不仅吸引了众多媒体的极大关注，同时许多体验者也在社交平台上分享了其VR体验。为了让VR广告达到期望的效果，兴高创意设计还通过许多有趣的方式发放谷歌Cardboard VR眼镜。

例如，兴高创意设计在智利与大都会电影公司（Metropolis Films）展开战略合作，为贝克啤酒公司创作了一段VR广告。

为了更好地宣传这次活动，兴高创意设计允许消费者将一个24听的贝克啤酒包装箱改装成一个Cardboard的VR眼镜，而后再观看兴高创意设计为此专门制作的两段VR视频。

此外，VR还能作为一款销售工具来使用。例如，在兴高创意设计为霍尼韦尔航空航天集团创作的VR广告中，参加霍尼韦尔贸易展览会的参观者可以通过VR方式观看其机载产品和解决方案。

此前，霍尼韦尔航空航天集团需要将飞机的某一部分带到展览会现场。兴高创意设计通过VR系统，不仅帮助霍尼韦尔航空航天集团节省了运输成本，同时还提高了销量。为此，《2016年全球VR营销分析报告》分析了VR的营销效果：“未来几年，对于品牌厂商而言，拥有VR战略将变得与拥有社交媒体或移动战略一样重要。随着时间的推移，VR将变成最具互动性、最能吸引消费者的营销手段。”

02

VR 正颠覆传统广告业

大量的事实证明，任何一个商业推广都离不开创意，而优秀的广告也在创意当中。因此，VR广告的优势在于海量的厚数据、个人定制化的内容以及足够真实。这样既满足了用户的需求，同时也为用户展示了产品的功能和服务。从长期来看，如果品牌营销与VR技术更好地结合起来，在这种营销手段被品牌厂商普遍运用后，将会改变所有人对广告营销的定义。

VR 入侵广告营销，甚至还颠覆了传统广告业

毫不夸张地说，在传统企业的数字营销中，VR技术正在被广泛运用于广告营销领域。在过去的几年中，数字营销的核心主要集中在大数据、云计算、人工智能、互联网以及互联网+等方面。

不断完善的VR技术正在渗透各个领域。在这样的趋势下，VR技术的无限

商机吸引各行各业的巨头纷纷涉足。即使在产品营销中，也不乏VR的身影。一些媒体甚至撰文指出，VR技术已成为当下强有力的一种营销手段。与传统"粗暴"的营销广告相比，VR广告让用户身临其境，而且其体验更为直观。

这样的趋势意味着VR技术正在向广告营销领域延伸，其效果也非常显著。为此，有专家撰文指出："VR入侵广告营销，甚至还在颠覆我们的传统广告业。"在该专家看来，即使像奥迪这样的传统企业也在积极地通过VR技术来实现VR营销；甚至有学者也断言，VR正颠覆传统广告业。其原因如下：

（1）传统广告强制灌输产品的特质和功能，而VR广告则让用户参与其中。在传统的广告中，不论是电视、报纸、杂志还是网络视频广告，用户都是被动地接受来自商家的广告，即用户被强制灌输广告中产品的特质以及功能。

与传统广告相比，VR广告与此不同，它不仅让用户参与到VR广告中，还让用户置身于广告的场景中，甚至成为广告的一部分。这样的转变切合当下用户消费观念的转变以及对用户需求的满足。

（2）身临其境的沉浸感。随着VR技术的不断发展和完善，用户在观看广告时，完全可以更真实地体验并沉浸其中，甚至还可以进行互动并试图找到自己感兴趣的内容，这样更能增强广告品牌的说服力。

（3）改变广告传播的方式。在电影或电视剧中植入广告，无疑会让用户感到厌烦。能够改变用户厌烦广告的方式，就是VR广告的传播方式，即VR广告将会根据产品的不同形态以及相应的内容组成一个完整的艺术综合体，最终让用户融入其中。

（4）主动享受广告。当VR广告普及时，无数奇特的广告案例将被植入其中。例如，在各种各样的广告中，设计者把甜蜜心动的恋爱体验、惊险刺激的极限运动、阴森恐怖的惊悚旅行等广告融入内容中，而用户在好奇心的驱使下，有可能主动进行体验。

VR 广告的优势就是重度体验

在很多营销高手看来，VR广告的优势就是重度体验。VR广告的关键就是提升用户的极致体验。最近火爆的VR广告不仅引爆了广告营销领域，更引起了VR行业的震动。

比如爱尔兰啤酒，不仅让用户品尝其啤酒，同时还给用户真实的极致体验。公开资料显示，爱尔兰啤酒在格鲁吉亚地区进行了商业推广。为了给用户提供极致的体验——爱尔兰原汁原味的体验，爱尔兰啤酒利用了最新的VR沉浸式技术，并邀请用户带上VR头盔。

随后，用户就开始体验到爱尔兰的风景——草原和马群、爱尔兰酒吧、帅气的爱尔兰男子。

最后，画面定格在一个男子面前，他提示用户摘下VR头盔。当用户摘下VR头盔时，那个男子就站在用户面前，而且用户正处于爱尔兰酒吧当中。原来，爱尔兰啤酒用临时布景搭建了一个爱尔兰酒吧。

可以说，爱尔兰啤酒的推广大获成功，这与爱尔兰啤酒的VR推广有关。在通过VR推广的商业案例中，电视剧《权力的游戏》也不例外。

为了推广电视剧《权力的游戏》第五季，家庭影院频道（Home Box Office，HBO）可谓煞费苦心，不仅在伦敦的O2体育馆举办了粉丝互动活动，同时还让粉丝通过VR设备沉浸式体验影片中的魔幻世界，以提高粉丝对该影片的忠诚度。

在这个VR短片中，用户可以体验行走在影片中曾出现过的700英尺城墙上的感觉。在体验的同时，用户身边的风机将吹来冷风，而喇叭将传出轰轰的声音，从而增加了用户身临其境的感觉。此外，通过VR技术，用户甚至可以与影片的角色进行互动。

03 VR+ 开拓了“用户体验”的全新想象空间

在很多论坛上，当企业家提及VR技术时，谈论最多的还是“真实的虚拟体验”。究其原因，这些企业家都是营销高手，他们深知：体验营销的核心就在于给用户创造一个“身临其境的体验”。

在传统企业中，来自瑞典的宜家家居就做得非常到位。宜家家居有效地利用了其巨大的卖场空间，巧妙地摆放各种家具的造型，其别出心裁的设计目的是尽可能引领时尚潮流的家居空间，让消费者放松地进行购物体验。

VR+ 让“用户体验”有了全新的想象空间

美国的未来学家、社会思想学家阿尔文·托夫勒（Alvin Toffle）曾预言，传统企业要想赢得客户的青睐，就必须做好体验式营销。

在阿尔文·托夫勒看来，服务经济的关键就是体验经济，传统企业会创造越来越多的跟体验有关的经济活动，即传统企业凭借自身提供的体验服务赢得用户的认可，最终取胜。因此，传统的数字营销模式已经开始转向——逐渐向体验式营销转变。

在《体验营销》(*Experiential Marketing*)一书中，美国康奈尔(Cornell)大学的博士贝恩德·H.施密特(Bernd H. Schmitt)指出，体验营销是通过看(see)、听(hear)、用(use)、参与(participate)的手段，充分刺激和调动消费者的感官(sense)、情感(feel)、思考(think)、行动(act)、联想(relate)等感性因素和理性因素，而重新定义、设计的一种思考方式的营销方法，见图4-3。

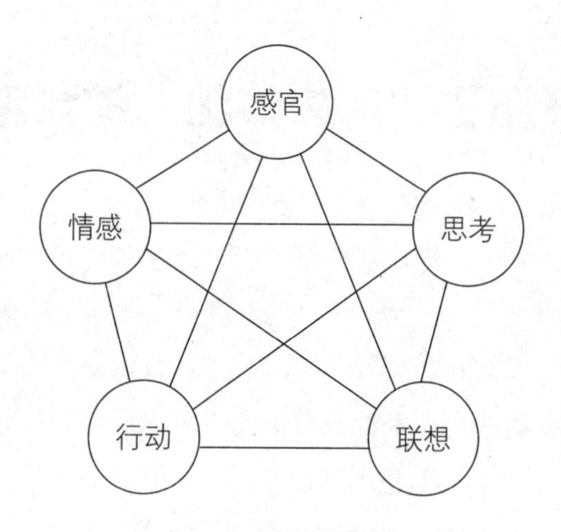

图 4-3　用户体验的五边形模式

简单地说，体验营销已经打破传统的“理性消费者”理论，其营销模式结合了消费者的理性与感性需求。也就是说，消费者对某种购买行为的全部判断依据不再是商品本身的价值，而消费前、消费中和消费后的体验则成为传统企业经营的核心。

回顾历史，体验营销发展到今天已有数十年的历史。经过几十年的发展，体验营销的理论体系已经日趋成熟，并被广泛地运用到市场营销中。

事实证明，极致的客户体验在当下是一个很火爆的名词，不仅是消费者要求商家提供极致的客户体验，同时极致的客户体验也是互联网+时代必须满足消费者的一个特定需求。

《中国产经新闻报》记者马志强在《乔布斯：将用户体验做到极致》一文中指出："仅有技术创新还远远不够，善于把握和培养用户需求，并围绕用户需求进行技术、理念和商业模式全方位的创新，才能获得真正的成功。这是目前我国通信业应该认真考虑的。苹果在手机行业没有什么技术基础，苹果将世界上所有的好东西进行最完美的组合，而组合的原动力正是从消费者、市场中获取的。"

在马志强看来，正是史蒂夫·乔布斯将IT技术与实际应用完美地结合起来，才将用户体验发挥到了极致。为此，上海自然道公司总裁杨兴平在接受媒体采访时强调："苹果的核心问题不是通信技术，而是它从根本上了解了消费者在使用手机时碰到的问题。手机上网，苹果做得最好，因为它真正实现了好用的无线互联网体验，尽管大部分不是用3G的网络，而是用wifi的方式。以最好的用户体验，苹果iPhone打动了全世界的手机用户。"[①]

事实证明，正是极致的用户体验给苹果的销售提供了丰厚的利润。2016年2月15日，市场咨询公司Canaccord Genuity发布的资料显示，2015年三星赢得了全球智能手机销量的冠军——23.9%，而苹果赢得了榜眼的位置——17.2%。然而，我们分析其利润时发现，苹果占了全球智能手机利润的91%，而三星占了14%，见图4-4。

可能读者会好奇地问：为什么苹果和三星两个企业的合计利润占了整个产业的105%（见图4-4）？究其原因，是因为还有一些智能手机企业出现了运营亏损。

该报告显示：2015年，尽管苹果只占据了智能手机销量17.2%的份额，但苹果的营业收入却占据了整个产业的54%。2015年，苹果iPhone手机占据整个智能手机产业利润的91%；2014年，苹果的比重为80%。在2015年第四季度，尽管三星销售的智能手机比苹果多得多，但三星的平均售价（ASP）只有180美元，而苹果的平均售价却达到了691美元。

---

① 马志强.乔布斯：将用户体验做到极致.中国产经新闻报，2014-04-03.

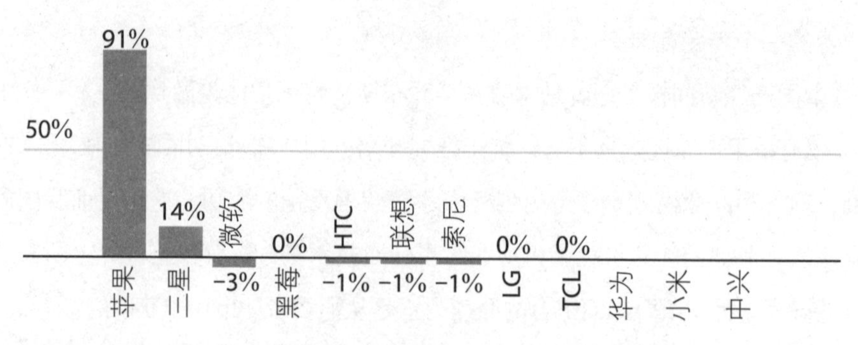

图 4-4　2015 年苹果占智能手机产业利润的 91%

说明：华为、小米及中兴未报告利润。

从整个手机产业来分析，黑莓、LG、TCL这三家公司都保持了盈亏平衡，而联想、索尼和HTC的亏损额度相当于整个产业利润的1%，微软的亏损额度相当于整个产业利润的3%。

在乔布斯时代，苹果产品能够迎来高速发展，与极致的体验是分不开的。然而，在如今的VR+时代，VR+所代表的下一代计算终端平台的革新浪潮让"用户体验"有了全新的表现形式以及新的想象空间，这使得体验营销在VR时代有了更多的发展空间。

VR 营销的正确姿势

事实证明，正是这种体验营销方式成功地帮助宜家家居成为全球最大的家具厂商。为此，宜家家居需要支付高额的场地以及布置等各种费用。这就意味着每当宜家家居需要扩大市场时，就必须支付一笔额外的费用，对于很多渠道来说，显然这是一笔不太划算的投资。

这样的瓶颈正在被打破，在VR+时代，传统企业的体验营销不再被时间、空间及其条件所限制。传统企业只要提供给用户一部VR头显，就能将全世界连接到逼真的三维虚拟世界中。

随着VR技术以及设备的完善，特别是当显示镜头的分辨率、清晰度更高时，绝大部分产品的营销都可以通过VR方式呈现，尽管目前还有一定的局限。在2D平面上，用户只能了解产品的物理特性，而VR体验更为直观、全面。

不仅如此，与传统营销相比，VR的体验营销大幅降低了营销成本，同时还提高了营销的效果。这与VR自身的技术有关。VR“虚拟”的特性无疑使其营销方式有更多的可能性以及创造力。

这让传统企业在进行产品推广时能够发挥更大的商业想象空间，同时也使得一些“不可能”的营销变成“可能”。比如很多汽车用户都曾抱怨过，在很多汽车4S店，用户很难获得较为优质的购车体验。

为了解决这一问题，易到用车与特斯拉、沃尔沃等多个汽车厂商合作推出体验式推广项目。只要通过App预约指定车型，用户就可以试乘体验，同时还能针对该车的优缺点与司机进行问答式交流，这样的变化更符合当下用户的购车喜好。

例如，针对用户很难得知目标车型的内部结构以及个性化装饰的效果问题，一个英国初创企业——Zero Light采用VR技术破解了这一难题。

为了解决这个难题，Zero Light打造了一个集汽车展示、配置、互动、营销于一体的可视化平台。用户借助于VR设备就可以全方位地观察汽车的每一个细节，同时还可以根据自己的喜好定制所购汽车的车身颜色、轮毂、内饰等配置，让用户真正地参与其中，这是以往的体验式营销难以做到的。

不仅如此，奥迪汽车还通过VR发布新产品。2016年6月18日，奥迪发布了新一代产品——Q7。为了更好地推广Q7，奥迪公司特意在莫斯科车展上以VR的形式推广它。

Q7首次亮相后，立即引发了媒体的关注。的确，奥迪此次通过VR技术来展示Q7，打破了传统车展推广新品的模式——奥迪公司结合VR技术，让百名嘉宾佩戴GearVR头显，使其置身于虚拟互动的环境中体验奥迪Q7的魅力与风范，同时也展示了奥迪新一代产品Q7的技术优势及其卓越性能。

此举不只是给用户提供了一个非常难忘的极致体验，同时也能显示出Q7的技术优势和尊贵血统。在这个体验进程中，通过模拟驾驶，用户能够详细审视Q7的硬件设备，同时充分体验极速前行与转向时的感受。

当然，奥迪通过VR发布新产品的形式不单是展示了Q7的新亮点，还拉近了现实和虚拟的距离。

为了更好地推广Q7，奥迪还特意为VR车展起了一个非常响亮的名字。不仅如此，奥迪公司还在首映式上下足了功夫，聘请全球知名影像公司——Sila Sveta制作首映式的虚拟展示内容。

该舞台的设计突出了新一代产品Q7的技术特色。VR内容由一段优雅壮阔的飞翔旅行和驰骋于现代都市中的激情驾驶组成，同时由Interactive Lab提供技术支持，保证百台Gear VR内容同步。

为了让数据更加流畅，Interactive Lab建立了一个控制面板，以便实时监控VR车展。该面板会显示出一份现场数据报告，其中包含设备温度、电池数据以及内容和应用版本等，充分展示了新款车型Q7无与伦比的全新性能，也让参与活动的人士获得了对Q7的全新体验。

将品牌于无声无息中“植入”消费者的心里

对传统企业而言，在实际的产品推广中，让用户记住其产品不是什么难事，难的是让用户在不知不觉间记住其品牌的名称，并且留下深刻的印象。

纵观优秀的传统企业品牌推广，几乎从来都不用简单直白的“自我介绍”方式推广。常用的推广手段是在用户的体验过程中融入传统企业自身的品牌理念，潜移默化地把传统企业的品牌价值和内涵传递给用户。

在VR+时代，万豪酒店（Marriott）通过VR做了一次“身在酒店，心在别处”的营销推广——万豪酒店为客人提供一套“虚拟房间服务”（vroom service）服务。

在此次推广中，客人可以免费使用万豪酒店提供的VR设备，观看360度全景音乐视频、旅游纪录片，甚至是电影。

这只是万豪酒店用VR技术提升酒店客人体验的一个项目而已。此前，万豪酒店还曾推出过“teleporter”电话亭，混搭《黑客帝国》和Oculus高科技元素，让旧金山酒店的客人欣赏夏威夷海滩，或者让伦敦酒店的客人欣赏太空的美景。

对于此次VR推广，万豪酒店负责品牌的全球副总裁迈克尔·戴尔（Michael Dail）在接受媒体采访时坦言，自己是虚拟现实技术的粉丝，也是“体验经济”的信徒。

迈克尔·戴尔解释称，使用虚拟现实技术会提升酒店客人的体验：“与大多数品牌一样，万豪是一个知名品牌。但仅此而已，当人们谈到你时，没有恶意，也谈不上喜欢，因为你没有什么能让人记住并谈论的话题。虚拟现实是一个实验，帮助我们重新定位品牌。虚拟现实帮助我们打造4D的感官体验，帮助发掘用户的需求。我们需要用户记住我们，不是通过解释我们是谁，而是通过他们自己的体验或者别人分享的体验。更重要的是，每一次虚拟旅行都可以触发真实的旅行需求。”

在VR新技术营销中，万豪酒店并不是唯一的企业，世界餐饮企业麦当劳同样积极。事实上，产品包装一直以来都是绝佳的内容载体，遗憾的是，产品包装却常常被低估或者丢弃。

当VR到来时，这样的趋势正在改变。VR可以把产品包装作为“体验”的一个工具，让产品包装成为提升用户体验的一部分。

研究发现，被全球追捧的VR技术正在敲开传统企业的大门。作为餐饮巨头的麦当劳积极推出了首款VR眼镜。消费者只要走进一家麦当劳门店，就能体验到VR技术带来的感受。

众所周知，VR成为当下最热门的黑科技。不仅诸多公司纷纷涉足VR领域，就连微软、脸谱、索尼、HTC等科技巨头公司都推出了自家的VR产品。

苹果掌门人蒂姆·库克宣称，苹果涉足VR的决心非常强。的确。随着VR市场的不断升温，这些科技公司也在布局VR领域。在这样的背景下，餐饮企业涉足VR无疑是大势所趋。

据悉，麦当劳瑞典公司已经开始测试虚拟现实的开心乐园餐。在此次测试中，麦当劳推出了旗下的首款VR眼镜——Happy Goggles。

事实上，麦当劳推出的此款VR眼镜和谷歌的Cardboard十分类似。Happy Goggles在设计、功能及结构上都借鉴和参考了Cardboard，只不过Happy Goggles是由麦当劳的餐盒制作的，用户只需根据图样折好，就可搭配智能手机使用，见图4-5。

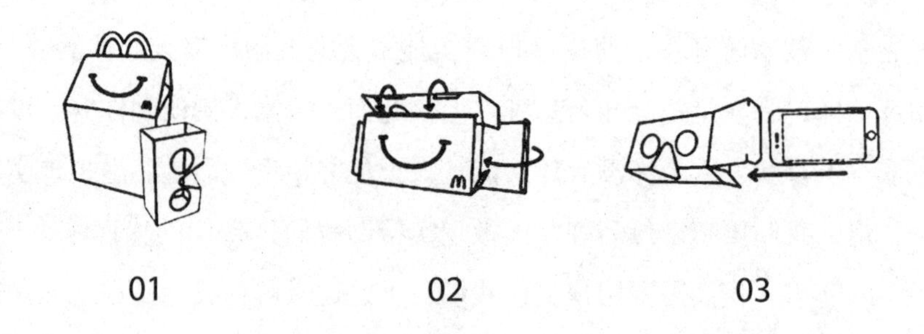

图 4-5　麦当劳 VR 眼镜的拼装示意图

顾客吃完炸鸡汉堡后，只需随手一折，一副VR眼镜就完成了；不仅如此，VR眼镜上还有一股浓浓的炸鸡和薯条味道。当媒体记者采访麦当劳关于这款革命性产品的信息时，得到的回复是麦当劳公司不会大规模生产Happy Goggles。

据AdWeek报道，上述推广只是麦当劳在瑞典体育节（Sportlov）期间推出的一项特别活动，旨在让家长携带小孩外出游玩时还可以体验VR。这个推广活动只在瑞典14个麦当劳店发售这款眼镜，限量3 500副。

麦当劳的这项活动推出后，立即得到了消费者的欢迎，其销售反应非常良好。当然，这样的营销效果可能会改变麦当劳的推广策略，进而让全世界的消费者都拥有一副VR眼镜。

不仅如此，除了Happy Goggles VR眼镜，麦当劳还推出了一款VR游戏——Slope Stars。该游戏的灵感来自瑞典国家滑雪队，在各大手机平台上均可下载该游戏。

04 重度 VR 流量入口在线下

对于拓展VR的传统企业来说，要想赢得用户的认可，就必须把浅度用户培养成重度用户。当然，要达到这样的战略目的，就必须做到让用户重度体验，否则很难提升用户的忠诚度。

从这个角度来看，体验感将决定用户未来的选择。2016年7月5日，在朝阳大悦城10层奥秘世界虚拟现实体验日活动上，华盖资本合伙人许莉在描述她第一次进行VR体验时说道："带上头显，进入虚拟世界，我的面前只有一个独木桥，其余的空间是万丈深渊，当工作人员让我尝试向深渊处前进一步时，在现实世界里，脚下是实实在在的地面，然而逼真的场景令我迈不开脚步……这是一种颠覆性和前所未有的体验。"

重度VR流量的入口

可以说，这样的VR体验带给用户的临场感和沉浸感足以震撼其神经。当然，也正是这样的体验感才能激发用户对VR的热情。对此，许莉坦言："随着VR市场的不断升温、大量资本的进入、硬件设备的不断更新换代，再加上内容的飞速发展，VR将从硬件发展驱动的阶段进入优质内容的驱动阶段。"

许莉所言的优质内容其实就是给用户提供重度体验。许莉作为风险投资者，自然是有其战略考量的。Venture Beat提供的数据显示，2016年中国VR市场的规模预计可达到8.6亿美元，2020年中国VR市场的规模将增长到85亿美元。

这组数据足以说明，无论是资本市场，还是VR经营者，都非常看好VR的商业价值。这也是VR当下如此火爆的一个重要原因。

可能读者会好奇地问：在火爆的VR背后，到底应如何对VR进行商业化？对此，奥秘世界联合创始人胡宇翔给出的答案是："奥秘世界已经形成内容开发+线下体验+内容分发平台的特有产业链经营模式，并且线下体验馆已经获得比较可靠的运营数据。以奥秘西单体验馆为例：单月接待3 000人次，二次消费比例达到16%，现场玩家对VR体验的综合评分达到9.07，九成玩家对VR体验表示愿意再次尝试。"

胡宇翔的观点得到了许莉的认同。在许莉看来，线下体验馆模式是VR的一个重要突破口。许莉坦言："目前，我们所界定的体验馆一定是具有最好临场感和交互性的重度VR体验场馆，并且未来2～3年重度VR流量入口一定是在线下。"

可能读者会问：什么是重度VR？所谓的重度VR体验，是以HTC Vive为代表的具备空间定位追踪技术的VR体验。

大量事实证明，重度VR体验对硬件设备的要求更高。究其原因，重度体验需要精准动作捕捉、高性能PC配套，并且至少需要一个独立的9（=3×3）平方米的空间，只有满足这些条件，才能达到线下体验馆的要求。

尽管这样的要求可能制约VR的线下体验扩张，但其市场规模不可小觑。

根据暴风魔镜、知萌咨询与国家广告研究院联合发布的首份《中国VR用户行为研究报告》，中国VR潜在用户高达2.86亿。在96万重度VR用户中，逾七成每天都使用VR设备。

当然，这样的市场规模也意味着，随着用户群体的迅速增长，他们无疑会对VR内容提出更高的体验需求。为此，胡宇翔分析认为："VR硬件出货量的增长和优秀线下体验馆的出现，必然倒逼更加优质、新颖、符合用户需求的VR内容。"

重度体验才是 VR 王道

在VR+时代，只有重度体验才可能赢得用户的认可，因为海量的蓝海市场需要有极致的体验。对于其市场的容量，掌网科技公司品牌总监赵清泉在接受媒体记者采访时乐观地分析道："无论有多少质疑，现在都可以毫无悬念地说，2016年注定是VR爆发元年，而且这一波信息产业革命来得更快、更猛烈，前景也更广阔!"

在赵清泉看来，VR市场的前景是非常广阔的。这样的观点得到了研究机构的认同。2016年，高盛集团发布VR研究报告称："VR将成为继电脑和智能手机后的下一代计算平台，众多行业将被重塑，预计在未来十年内，这个产业链的规模将达到数万亿美元。"

面对如此巨大的蛋糕，全世界的科技巨头、创客都不可能轻易放弃，而是蜂拥而至。苹果、谷歌、脸谱、微软、索尼、HTC、华为、三星等科技巨头都集中火力，把VR战略提到非常重要的位置，它们对VR的重视程度超出了研究者的想象。

当然，如此巨大的市场自然吸引了中国企业的关注。不过，要想赢得未来的VR市场，体验才是王道。深圳掌网科技公司CEO李炜在接受媒体采访时说道："重度体验才是VR行业未来的发展方向！掌网科技公司要做VR潮流的引领者。"

据李炜介绍，作为中国最大的立体视觉解决方案提供商的掌网科技公司，在VR布局上，特别是在业务上，明确了三个方向：①人机交互解决方案；②VR/AR设备；③3D视像采集、显示产品，见图4-6。

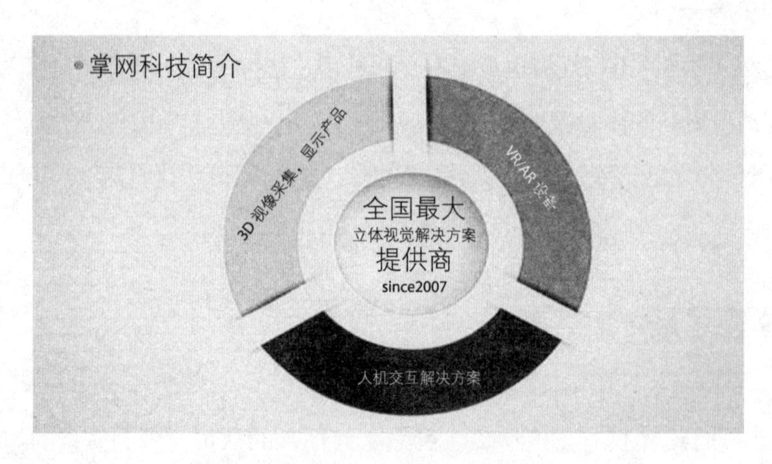

图4-6　掌网科技公司的三个研发方向

李炜还谈道：掌网科技公司不仅是具有深厚光学、立体视觉技术底蕴的VR厂商，而且拥有自主创新技术、自主知识产权、国家标准、技术专利等200多项。

这样的技术优势也是掌网科技公司区别于其他VR厂商的一个最大特性。的确，掌网科技公司作为一个立体视觉整体解决方案提供商，依靠自主创新支撑其发展和壮大，不仅掌握了从芯片（自有3D图像采集芯片，CPU/GPU是与Intel/nVDIA深度合作）、方案研发设计、生产集成到仓储物流等一系列成熟的生产制造与供应链体系，同时还在技术专利方面狠下功夫。

为此，掌网科技公司扩大了技术研发团队，壮大了人才队伍。2016年3月，掌网科技公司已经创建了VR+AR研发中心，配置了国际领先的3D产品分析仪器等配套科研设备。

当然，这样的投入自然收获不小。2016年2月，掌网科技公司拥有自主创新技术、自主知识产权和技术专利200多项（其中，全球发明80余项），以及国家标准8项。这些专利涵盖了VR、3D采集、3D显示、人机交互等领域，为掌网科技公司引领VR领域奠定了坚实的技术基础。

2016年3月12日，在“2016 VR（虚拟现实）交流会”上，深圳掌网科技公司品牌总监赵清泉提出："VR产品，重度体验才是希望。"这样的观点得到了研究者、同行的认可和支持。在该交流会上，掌网科技公司带来的最新产品——星轮VR分体机也让与会者惊喜不已。

众所周知，目前的VR产品主要有PC头盔、手机盒子和一体机三类。PC头盔必须连接在PC端，因而其移动性相对较差，不能满足有移动需求的用户；手机盒子和一体机的移动性相对较好、携带方便，不过，它们只能满足用户轻度体验VR游戏的需求，即用户通过它们只能体验入门级别的VR游戏。这样的局限性意味着，用户想要体验高质量的VR游戏，手机盒子和一体机这两种VR设备是达不到要求的。

可能读者会问：如何才能做到既有良好的移动性，又能很好地体验VR游戏？据深圳掌网科技公司CEO李炜的介绍，深圳掌网科技公司为此在全球独家推出了"头盔+主机"设计的VR产品——星轮VR分体机，用以满足移动VR重度游戏体验者的需求，见图4-7。

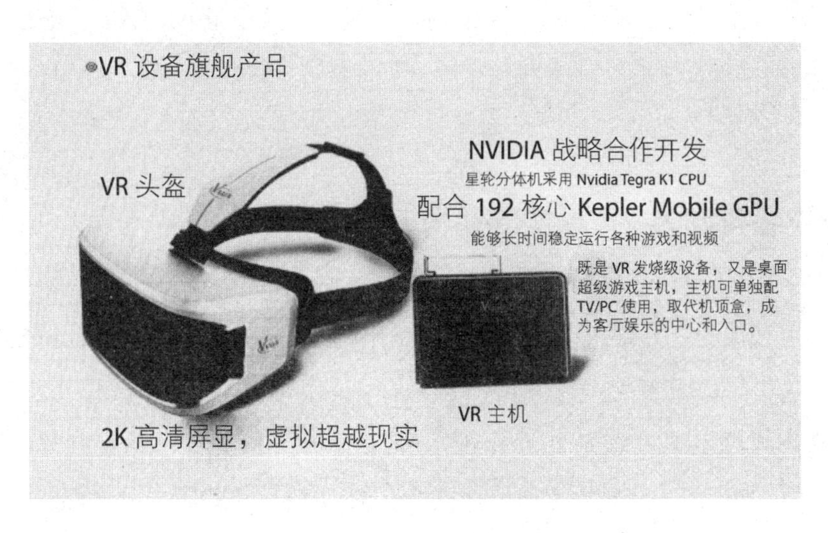

图 4-7　星轮 VR 分体机

根据深圳掌网科技公司CEO李炜的介绍，星轮VR分体机主要由头盔和主机两部分构成。在主机部分，其机身非常小巧，随身携带很方便，而且头盔和主机可以重新拆分组合。

星轮VR分体机的主机可以连接电视和电脑，用户可以畅快地玩普通桌面游戏。星轮VR分体机的头盔也可作为PC头盔连接电脑主机，用户同样可以玩VR游戏。由于星轮VR分体机头盔的分辨率达到2K级，完全可以实现720度沉浸、低延迟、低眩晕。

星轮VR分体机拥有了这3种灵活的应用模式，不再依赖PC和手机，这为VR产业创造了更大的可能性。

据了解，星轮VR分体机可以自由移动，因而其性能相对较高。此外，星轮VR分体机搭载核心Kepler Mobile GPU，同时深度定制安卓系统，全面支持DX11和OpenGL4.4，可长时间稳定运行各种游戏和视频。大量事实证明，星轮VR分体机作为掌网科技公司的旗舰产品、国内市场独树一帜的VR产品，无疑可以满足VR游戏和影视发烧友及军事、教育、医疗、旅游行业等专业用户的需求。

为此，赵清泉满怀信心地说道："目前，全球做这种游戏主机的只有四家：英伟达、爱奇艺、斧子科技和掌网科技。英伟达是世界上做显卡最牛的公司，英伟达游戏主机就是想树立一个行业标杆，带领大家一起玩，共享生态链。虽然国外起步要比我们早，但我相信中国一定会是这个行业的'掌'门人!"

线下体验将成为 VR 最快的变现方式

不可否认的是，要想让用户从浅度提升到重度，一个重要的途径就是线下体验，这也是VR最快的变现方式。

高能视界VR影视娱乐主题乐园创始人谌鸿翔在接受《VR派》独家专访时回忆说："2015年，我几乎跑遍了中国所有的VR线下体验店，看到了很多新奇的东西。"

在谌鸿翔看来，VR线下体验店正是打开VR的一个渠道。相比欧美发达国家，在中国，VR仍然作为一种新奇的体验，仅限于专业人士和狂热的发烧友研究及讨论，其范围非常狭窄。

在中国，VR线下体验项目已经非常流行，可以说是一种非常流行的项目。不仅如此，除了各行业的巨头竞相入局、资本市场狂热追捧之外，只需20～50元的费用就可以玩一次“蛋椅”，甚至各式各样的VR体验店像雨后春笋般在大小城市的商业中心和购物广场开了起来。

大量事实证明，在VR产业链上，国外厂商拥有巨额的资金与雄厚的技术实力，已经抢占硬件市场的先机，即使在VR内容制作市场方面，影视互联网巨头也在积极涉足。要想在VR产业链上大显身手，VR线下的应用市场可谓是一片蓝海。

对此，一些业界的观点为：与因产品价格高昂而面临销售困境的硬件厂商以及还没有开发出清晰商业模式的VR内容提供商相比，VR的线下体验服务将是VR领域变现最快的蓝海市场。

在中国市场上，作为中国首家VR影视主题乐园的高能视界就率先开拓了这片VR线下体验的蓝海市场。据谌鸿翔介绍，高能视界正在筹备建设中国首家VR线下体验影视娱乐主题乐园。该主题乐园占地1 800多平方米。

05

VR线下体验店的商业想象

2016年，一家香港媒体报道称，某网吧采购了HTC Vive VR设备，开辟了一个专门的VR游戏区，摒弃了以前的收费模式，按照240港元/小时来收费。

这个新闻对于中国内地的用户来说，已经算不得新闻了。早在2015年11月，顺网科技就与HTC展开战略合作——在网吧搭建VR专区，让用户体验。

在如火如荼的VR产业链上，除了网吧，一些大型商场也在积极增开VR体验店，而且如雨后春笋般地不断增设，更大的VEC类型的VR娱乐中心也在快速扩张中，甚至主题公园形式的VR乐园也在积极筹备中。

资料显示，目前中国内地大约拥有3 000家各种类型的VR线下体验店。2016年3月，乐客VR完成了2 500万元的A+轮融资。

乐客VR CEO何文艺在接受媒体采访时直言不讳地说："对于VR来讲，了解它的最好方式还是要体验，否则人们最终还是无法感知什么是VR。"

在何文艺看来，要想知道什么是VR，体验才是最好的捷径。现在，VR体验店正如当年计算机刚刚进入中国时网吧产业的发展一样，正以“星星之火，可以燎原”的方式蓬勃发展。

VR线下体验店的三种模式

研究发现，目前VR线下体验店存在三种模式：10~50平方米的VR线下体验店；200~500平方米的VEC娱乐中心；主题乐园。

（1）10~50平方米的VR线下体验店。在很多大型商场中，用户经常能见到10平方米左右的VR线下体验店。该模式占据了VR线下体验店的大部分市场份额。

比如被称为蛋椅的VR体验店，其低成本的优势和便宜的价格正在被商家和用户认可。究其原因，商家只需要一块较小的场地以及一些简单的硬件设备，比如VR头显、PC及外设（如蛋椅）。这样，VR线下体验店就能搭建完成，其成本为10万~30万元。

当然，10~50平方米VR线下体验店的不足之处在于，用户只能体验到一些简单的游戏，甚至主要是看，如Oculus第一款内容属于过山车式的产品，其交互体验相对较少，用户在体验了该模式的VR后，可能会因为没有达到极致的体验，很难再去体验第二次。

（2）VEC娱乐中心。类似VEC娱乐中心这样的VR线下体验店在国外已开始试水，如澳洲的Zero Latency。早在2015年8月，Zero Latency就开始向用户开放。在中国，VEC娱乐中心已经陆续出现，如超级队长。2016年4月，超级队长完成了数千万元的A轮融资。2016年5月，超级队长正式开放，其体验店位于广州番禺的万达广场。

根据超级队长CEO王磊向的介绍，截至2017年7月，超级队长已拥有近400家体验店。

因为该模式的投入较高，而且经营风险大，所以它是影响VR体验的一大障碍。

网龙投资经理黄潇就算了这样一笔账：

· 开一个ZL体验店，店面的总面积需求大约为250平方米。每次可以让6个人同时体验游戏。

· 每套设备包含集成在背包中的Alienware、枪、头盔、立体声耳机四个部分，其定位技术集成了129个PS Eye光学探测设备。该综合硬件的成本不低于100万元。

· 如果经营时间为每日的12：00～24：00，工作日的满座率为30%，周末的满座率为80%，用户每次体验的时长为1小时，票价为75元，则单店每月收入约为67 000元。

· 如果在北、上、广、深一线城市的郊区开设此类VEC，大概需要60元/月·平方米的租金，则月租约1.5万元，加上2名维护人员以及水电费用，每月的综合成本约3万元。

从这组数据可以看出，开设此类VEC体验店，每月的利润大约为3.7万元，投资回收周期约为27个月。这样的投资风险是VEC类型体验店较少的一个重要因素。类似超级队长这样的企业，虽然已拥有100家直营店，但只有一家VEC类店。

此外，不仅有成本原因，同时还有技术原因。VEC发展较慢的一个关键点在于内容质量和位置追踪技术的成熟性以及外部的物理因素，技术的相对不成熟也制约了VEC的发展。

当然，相对于小型体验店，VEC也有自己的优势，两者的体验有天壤之别。在体验过程中，用户可以不受约束地体验VR的内容，甚至还可以在空间内行走。以超级队长为例，在体验区内，有一块区域可以实现消费者在小范围内自然行走，同时还提供了一款机甲类交互体验游戏。如果拿FPS游戏举例的话，就会碾压真人CS。

（3）主题乐园。众所周知，类似Zero Latency的体验店的成本已经足够高了，那么主题乐园的成本就更高了。在美国，The Void就创办了一个主题乐园，盛大为其投资了3.5亿美元，如今正在积极寻找合作方来拓展中国市场。

在体验中，The Void最大的优势在于为用户提供了多个完全真实的道具场景，可以让用户体验一个“真实”的虚拟世界。当用户在特定的场所进行游戏时，所有道具均使用无线传输技术，其定制装备Rapture包括Rapture触觉背心、Rapture追踪、Rapture头显。这种形式被认为是未来VR线下体验店的终极形态。

VR 线下体验店的商业模式

大量的事实说明，VR线下体验店的三种模式均赢得了风险投资的青睐，除了乐客、超级队长外，赛欧必弗、举佳爽等企业也获得了数额不菲的融资。

究其原因，风险投资之所以投资于VR线下体验店，是因为VR线下体验店承担了大多数人进入VR世界的入口。

正因为如此，VR线下体验店才得以迅速发展。研究发现，同样承担该作用的手机厂商发布了自己的移动VR产品。不过，与移动VR不同的是，线下体验店的内容更多。因此，就商业价值来说，根据VRZINC的调查，未来VR线下体验店的商业模式有如下几种：

（1）门票。门票是VR线下体验店最直接的收入。一般来说，用户体验一次VR的费用为数十元到数百元不等。相关资料显示，2015年VR体验店的票房收入为1.5亿~2亿元。可以说，门票是早期各大VR线下体验店的主要收入来源。

（2）产品分销。用户要想体验VR，其体验场所必然为VR线下体验店。基于此，VR线下体验店无疑将成为硬件销售的场所，比如国美、苏宁、三联等渠道商主要承担家电产品的体验、销售——根据用户的体验反馈销售硬件。在VR硬件产品成熟后，其价格自然就会下降。

（3）增值服务。在VR找到盈利模式后，VR线下体验店的增值服务就可以开始了。在VEC类的线下体验店中就有一块餐饮区域。超级队长CEO王磊介绍VRZINC时的信息显示，餐饮收入只占该店总收入的30%。

在网鱼网咖的商业模式中，饮料收入占其收入的大部分。如果给用户提供了高品质的硬件、服务、环境，其附加价值非常可观。如果我们把场景放大到主题乐园，那么增值服务的收入更是难以想象。

（4）内容联运。在未来的VR线下体验店商业模式中，内容联运将成为商业模式之一，如VRLe内容分发平台。

2015年9月，乐客VR发布了其精心打造的VRLe内容分发平台。该平台对VR内容商的产品进行了整合，再分发到各个VR线下体验店，并与VR内容商、VR线下体验店达成三方合作分成。

第五章

软件和内容是 VR 的基础

01

内容是 VR 的下一个风口

当VR迎来VR+浪潮时，VR产业不只是涉及硬件，同时也在内容和应用等环节拓展。如果持续跟踪上市公司的布局路径就不难发现，越来越多的企业对VR的态度不再是初步的试水，而是走向深化。

例如，四川川大智胜软件股份有限公司作为中国最早的一批介入VR技术的上市公司，在面向航空、空管和科普市场的现有业务基础上，又与利亚德达成了最新战略合作。

2016年3月22日，四川川大智胜软件股份有限公司与利亚德签订了《“虚拟现实技术创新与应用”战略合作协议》。双方拟共同研究将LED小间距显示技术与VR技术融合并应用；拟共同投资建设和运营以文化艺术与科学技术相结合为核心的平台（如校园电影院线），形成集产、学、研为一体的完整的高校影视动漫创新创业产业链；拟共同投资研发影院级“高清晰立体LED显示”相关技术；

拟共同投资建设和运营“虚拟现实科普体验馆”。[1]

集体转向 VR 场景及内容

2016年，VR产业迎来了“井喷”发展。2016年3月，VR再次赢得资本市场的关注，并且持续升温，特别是一些上市公司也在涉足VR，而且它们的投资力度正在加大。

据《上海证券报》的公开数据显示，有近40家企业涉足VR。仅从数量上分析，已经超过了2016年1月和2月两个月的总和（在这两个月中涉足VR的上市公司数目不到30家），其中有约10家为持续跟进VR布局。

此前涉足VR的企业都蜂拥到VR设备以及硬件供应链方面。然而，2016年3月涉足VR的企业明显加大了对应用场景和内容层面的布局，主要涉及装饰、旅游、培训、文化娱乐等领域，如东方网络。东方网络作为首批公开宣称涉足VR场景应用的上市公司，其高调涉足VR足以说明VR产业的商业价值。

早在2015年年底，东方网络就宣布与三亚市旅游发展委员会达成VR战略合作。2016年2月，东方网络通过控股子公司——水木动画与贵州双龙航空港经济区管委会达成《项目投资协议书》，双方共同出资1亿元建设“双龙科幻主题公园”项目，此次合作就涉及VR内容等。

恒信移动通过定向增发，以12.9亿元收购东方梦幻100%的股权，并配套募资9.9亿元进入泛娱乐产业，覆盖了CG合成影视的制作业务、虚拟视觉体验场馆开发运营业务、虚拟视觉影视剧业务等。

随后，恒信移动发布公告称，拟认购美国VRC的股权，该公司主要致力于虚拟现实的内容创作；同时，恒信移动还获得了目前拥有的VR内容及未来创造的内容在中国为期两年的排他性分销权。

---

① 陈天弋.利亚德与川大智胜合作发展虚拟现实技术应用.中国证券报，2016-03-22.

此外，在快装行业，致力于打造快装第一品牌的金螳螂也高调宣称，计划推出基于家装样板房的VR/AR展示功能。

东方园林在全景网互动平台上表示，该公司一直关注VR/AR相关领域，战略投资相关部门已在做VR/AR的相关研究。

华力创通在投资者互动平台上表示，该公司的AR/VR技术以及产品主要用于国防工业。华力创通表示，国防工业是该公司重点发展的领域，未来在国防、军事领域继续重点投入，合作方主要是航空航天等军工研究所。

值得一提的是，随着VR技术的逐渐成熟，VR与传统产业的融合进程正在逐步加快。在VR+娱乐行业，内容及场景成了VR投资的热点。目前，VR的应用主要体现为视频形式，这对原本就有内容优势的文化传媒企业来说，颇具吸引力。

正因为如此，文化传媒企业的VR布局也开始集中发力，如长城动漫、华策影视、光线传媒等。其中，华策影视以1 470万元的自有资金收购兰亭数字7%的股权。众所周知，兰亭数字是中国目前顶级AR/VR数字多媒体产品制作公司；随后，华策影视又以640万元的自有资金增资热波科技，持股8.6%。据悉，热波科技是一家专业制作VR影视节目的公司。

无独有偶，作为光线传媒的全资子公司——光线影业也增资七维科技，并成为其控股股东，持股51%。

七维科技的公告显示，七维科技是目前中国领先的虚拟现实及增强现实（VR/AR）技术公司之一，拥有完整的从端（内容生产端）到端（用户体验端）的一整套产品研发、设计及服务能力。

此外，佳创视讯也在积极拓展VR场景及内容。2016年3月18日，佳创视讯午间公告称，该公司与虚拟现实技术及系统国家重点实验室、信息光子学与光通信国家重点实验室、国家广播电视网工程技术研究中心、数字电视国家工程实验室共同签订了《“虚拟现实+广播电视”产业化发展战略合作框架协议》。

根据协议，各合作方将在协议签署后，积极整合资金、技术、专利、人才等优势资源，率先通过广电网络组织开展裸眼3D、直播视频、全景视频等新媒体形式的虚拟现实内容播出，向家庭电视用户提供全新影音观看体验；共同整合现有的产品技术和资源，投入促进虚拟现实产业发展的核心技术。

各合作方将在协议框架范围内投资设立新公司，并作为实体承担本协议项下的多方长期合作事宜，新公司将专注于虚拟现实产业的经营。针对新公司的人才需求，各合作方将利用高校、研究院的人才优势和长期的技术研究积累，向新公司推荐及选拔、培训高级技术人才，协助企业建立专业技术人才团队，以形成人才竞争优势。

持续跟进布局者增多

四川川大智胜软件股份有限公司不是一个个案，由于VR的商业前景逐渐明朗，不少企业经营者更加看好VR的商业价值，有的企业成立了VR产业基金，有的企业投资了具体的VR企业，持续跟进布局者正在逐步增多。2016年2月，棕榈园林与大股东在成立了VR产业投资基金的基础上，还联手掌趣科技等公司收购了乐客VR 4%的股权。

资料显示，乐客VR创建于2015年3月，目前已在中国建立了1 000多个VR线下体验店，为VR线下体验店提供了硬件支持、技术支持、内容支持等一体化解决方案，并通过云端提供线下VR 内容的更新服务。

越来越多的企业开始涉足VR设备，究其原因，VR设备仍是硬件厂商涉足VR产业的一个重要入口。

与参股或者收购VR企业不同，在选择合作伙伴时，上市企业也需要慎重考虑与应用场景的优势互补。比如创维数字，为了更好地与腾讯达成战略合作，创维数字正在与腾讯合作研发Mini Station微游戏机和VR头盔产品。

世纪华通在互动平台上公开宣称，该公司正在开发VR相关游戏产品，同时也在寻找相关的合作者。

在VR界，联络互动似乎是一条鲶鱼。2016年2月，联络互动在入股美国

Avegant公司和发布自主研发的VR OS平台的基础上，又斥资7 500万美元参与互动设备VR品牌——雷蛇的C轮融资。

在一连串动作之后，联络互动的董事长何志涛是这样解释的：“众多公司蜂拥投资于VR的原因，是因为VR和智能手机的商业模式最接近，它的盈利模式与苹果智能手机类似，是基于应用商店的内容购买模式。而联络互动投资于雷蛇，正是看重双方的优势互补，最终形成以联络VR OS为核心，覆盖硬件、内容、服务的产业上下游生态链。”

在资本蜂拥而至的时刻，让人欣喜的是在VR硬件领域，不少设备厂商已经可以量产VR产品。例如，欣旺达在互动平台上宣称：VR产品是该公司的一个重点发展领域，部分客户的产品已经量产。

据了解，欣旺达已与掌网科技公司联手，共同研发和生产VR一体机。掌网科技公司负责VR一体机的方案设计和软件开发，而欣旺达负责VR一体机的硬件生产制造。

探路者也在公开场合披露，其子公司所投资的众景视界眼镜计划从2016年开始批量发货；与此同时，众景的移动VR一体机和VR头盔正在研发当中。

02
VR 线下体验将开启 PVP 模式

不可否认的是，在传统企业给用户提供极致的VR体验后，一个关键的问题是如何让VR产业链变现。在VR线下体验的项目中，一个由硬件厂商分销门店、电影IP的新型衍生渠道（即线下VR的“代理制”变现模式）产生了。

究其原因，要创建一个VR线下主题乐园，必须整合VR产业链上各环节的厂商。在VR产业链上，实际的VR线下体验项目又是内容、硬件及电商的一个重要枢纽，其作用非同小可——为各个硬件、平台、内容厂商提供展示、分销等服务。

VR 线下体验的 PVP 模式

当用户到VR影视娱乐主题乐园进行体验时，可能他将成为《星球大战》《侏罗纪公园》里拯救人类、升级打怪的主角，也可能成为某位战斗英雄。

据谌鸿翔介绍，高能视界VR影视娱乐主题乐园将给用户配置Oculus的VR硬件设备。不仅如此，高能视界还会通过与热门电影IP合作以及原创VR体验项目IP的方式，为游客提供游戏、影视等VR体验项目。

众所周知，谌鸿翔不仅是高能视界VR影视娱乐主题乐园的创始人，还是一位资深“电影人”，同时还曾是3D电影制作公司灵动力量的创始人之一。

谌鸿翔称，高能视界正在用做电影的方式做VR体验项目，整个VR体验项目里有剧情、有人设，甚至像许多优秀的科幻题材电影一样，有宏大的世界观和现实背景。

谌鸿翔介绍说：“科学家寻找第二个适合人类居住的星球，找到了木星的第六颗卫星，它有一片由甲烷构成的海洋，因而天空是红色的，由于它的大气稀薄，所以可以看到远处的整个木星环。这是真实的科学发现，美国已经把卫星发到这个星球上了。我们的VR体验项目叫《战2156》，就是基于此设定的剧情，征召你在140年后到这个星球开疆拓土，拯救140年后的人类。”

在这样的场景中，高能视界不仅需要攻克诸多的VR技术难题，同时还要给用户提供一个高水准的极致体验。比如在高能视界VR影视娱乐主题乐园，用户不仅可以自由移动，同时还可以开启多人互动模式的游戏，用户间可以像电子竞技一样相互作战，得出排名。无疑，这样的体验提升了游戏的趣味性，同时也将VR体验发挥到极致。

究其原因，在VR的“真实”场景中，用户的身体会得到VR设备的真实捕捉，使得用户融入游戏之中，成为游戏的一部分；不仅如此，高能视界还能给用户提供基于UE4引擎的更好视觉体验。

谌鸿翔坦言：“用户可以像钢铁侠一样，举手就能发射能量射线，或者像小时候看的《七龙珠》那样做一个龟派气功。”据谌鸿翔介绍，在制作原创内容IP方面，其团队由专业电影视觉艺术家担纲，曾参与制作过《画皮2》《一步之遥》《饥饿游戏》等3D影视作品。

线下 VR 的“代理制”变现模式

资料显示，当蛋椅等线下体验项目兴起时，像玖的、乐客等VR线下体验服务商就曾向线下体验加盟店收取一定数额的VR内容和门票提成，该模式让这些VR线下体验服务商赚得盘满钵满。

当然，VR线下主题乐园不仅可以采用该模式，还可以与硬件、内容厂商探索更多的合作模式。

谌鸿翔介绍了高能视界与硬件厂商的合作模式，高能视界VR影视娱乐主题乐园将与Oculus深度合作，因为高能视界VR影视娱乐主题乐园配备了Oculus顶级VR硬件设备，同时Oculus已经跟很多程序有了接口，能够适配各种设备。这对于需要外接各种设备的主题乐园游乐项目是必不可少的。

谌鸿翔坦言，在适配性方面，国产硬件厂商要差一些。不过，谌鸿翔也表示，希望以后与暴风魔镜等优秀硬件厂商合作。他说道：“我们的主题乐园可以作为许多硬件厂商的展示平台，甚至是销售渠道。”

在谌鸿翔看来，VR线下主题乐园与硬件厂商的合作模式最好是解决其需求，在硬件厂商向主题乐园提供的VR硬件产品获得用户较好的体验后，VR线下主题乐园就可以在更多的线下体验店推广。不仅如此，用户还可以在VR线下主题乐园里获得便捷的购买方式。该模式对于正愁着怎么把对很多人来说仍是新鲜概念的VR产品推向普通玩家的硬件厂商而言，也许是不错的方式。

除了与硬件厂商合作之外，与内容厂商的合作也是VR线下主题乐园必须考虑的。究其原因，VR线下主题乐园给用户提供极致体验，不仅需要高质量的硬件设备，同时也需要优质的内容。在VR线下体验项目拓展中，VR线下主题乐园可能成为优质的电影IP的全新衍生拓展模式。

谌鸿翔举例说：“比如我们正在和摩天轮影业的电影《南极绝恋》谈合作，从前端剧本阶段就开始探讨，怎么能够把VR和电影的这块更好地融合在一起。在目前做VR内容的厂商都难以盈利的情况下，我们通过高端的主题馆，或者叫作主题乐园的方式，把内容呈现出来，可能是现在这个阶段的唯一方法。”

大量的事实证明，在VR+影视方面，VR+电影、VR+电视剧的趋势越来越明朗。不过，由于VR技术等原因，影视业对VR影视的疑虑还是很大的。缺乏镜头引导、场景难以切换、观众注意力分散等诸多问题，阻碍了具有剧情和一定时间长度的“VR电影”诞生。谌鸿翔在《国内首家VR影视主题乐园创始人：高端VR体验必将来自电影，线下体验将成为最快变现方式》一文中写道：“虽然很多公司都宣布要拍摄VR电影、电视剧，但这究竟是技术突破还是营销噱头，仍有待商榷。”

这样的事实无疑是在戳破VR+影视的泡沫。当然，要想赢得用户的认可，就必须把电影的剧情、场景融入VR+影视中，甚至用户都要积极参与到VR+影视中。

使用户积极地参与其中，而不是被动地观看剧情，特别是通过完成任务、与其他用户互动或战斗等方式引导用户主动地推进情节发展，这种把影视IP衍生为VR游戏的方式显得更为可行。

当然，在这种模式中，VR主题乐园、IP内容版权方都能获得来自游客购买门票的分成。对于主题乐园来说，可以避免高价IP购买成本带来的风险；对于IP版权方来说，也能形成IP变现价值的“长尾”效应。

这样的模式得到了谌鸿翔的认可，并被认为是较好的商业模式。在《国内首家VR影视主题乐园创始人：高端VR体验必将来自电影，线下体验将成为最快变现方式》一文中，谌鸿翔坦言：“从短期最直接的利益来看，在VR话题仍然火热的当下，如果即将上映的电影加上VR线下体验项目的发酵，必将使电影成为颇具人气的热门话题，更有望带动票房和周边的销售，而且它是促进IP版权方和VR线下体验项目合作的催化剂。”

VR也可能成为独立版权

当VR内容成为待拓展的蓝海市场时，VR就可能引发泛娱乐行业的革命，特别是随着泛娱乐领域的IP不断涌现，催生了文学IP、游戏IP、影视IP等多种形式。在这样的背景下，VR+ IP就可能成为下一轮风口。

在谌鸿翔看来，VR+IP大有市场可为。谌鸿翔以高能视界的《战2156》为例：这个VR体验项目本身就具备了电影的剧情和场景等要素，将其向网络剧、大电影等领域衍生也是水到渠成的事情。

据谌鸿翔介绍，高能视界把《战2156》作为独立的IP开发来计划，有可能要将其拍成网络剧和大电影。谌鸿翔说道："那对于我们来说，VR线下体验店、网络剧和电影之间是可以相互带动的。比如近几年的网剧为什么可以走向大电影，就是因为有粉丝作为IP基础。对于我们来说，线下体验店就是我们积累IP粉丝基础的一个很好渠道，网剧也能积累粉丝，而后推动大电影。"

谌鸿翔补充道："可能在短期内，网剧的变现能力不一定很好，但它可以成为一个对我们VR线下体验店以及未来拍摄大电影的很好营销手段。"

当然，VR+IP作为一个新的商业点，其营销方法需要创新。比如谌鸿翔说道："《战2156》里面有很多虚拟的帅哥和美女，这些游戏角色都可以成为网络剧和大电影的真实角色，那么这些角色由谁来演呢？我们可以举行海选活动，而且颜值不够的我们都不要。"

这样的推广方法已经与传统的模式存在天壤之别。在《国内首家VR影视主题乐园创始人：高端VR体验必将来自电影，线下体验将成为最快变现方式》一文中，谌鸿翔分析了其中的真正原因："以VR独立IP的运营为例，增加VR体验项目在主题乐园以外的收益和影响力，其实也就与影视游戏等IP进行粉丝经济开发有着异曲同工之妙。而VR独立IP开发的可能性，也将激励更多VR内容生产厂商推出更多具有拓展空间的优质作品，而不只着眼于把一个综艺节目、几个电影镜头转变成简单的全景视觉就急于上线。这对推动整个VR内容行业的发展十分有意义。"

正因为如此，谌鸿翔解释了VR概念为什么如此火爆："从2015年到现在，VR这个行业都在非常良性地往前发展，硬件、平台、内容有这么多厂商在往里面铺，货架、货物都有了，它的产业链必将形成。"

VR

第六章

传统企业，VR+ 正在踢门

01

脸谱：领跑下一个重大计算平台

在拓展VR方面，脸谱比谷歌更加激进。脸谱不仅与谷歌一样上线了360度全景视频服务，同时还涉足VR“新闻提要”（News Feed）。

公开资料显示，早在2015年9月底，脸谱就开始在“新闻提要”中提供360度全视角视频内容。

一旦用户想了解某个视频，就可以在播放360度全视角视频时自由选择观看角度；即使是在网页上播放，用户也可以通过鼠标拖动画面来调节角度；当用户在智能手机上播放VR“新闻提要”时，可以通过扭转设备来调整视角。

不仅如此，脸谱还注重硬件的研发，在2016年的F8开发者大会上，脸谱发布了Surround 360度全景摄像机的相关设计。

此款360度全景摄像机类似飞碟的形状，总共由17部超高清摄像机环绕构成，并配有基于互联网的软件，可在360度范围内捕捉图像和自动呈现。

脸谱自信地介绍：与当前市场上360度视频捕捉技术相比，360度全景摄像机的设计更好地解决了许多技术性难题，并鼓励厂商和爱好者使用其设计自己开发摄像机。对此，Oculus总裁帕尔默·勒基（Palmer Luckey）表示，脸谱已经向合作者发出了超过20万套开发者工具包。

帕尔默·勒基介绍称，这20万套的数量与2016年的目标是无法相比的。为此，研究专家预测称，2016年Oculus Rift的销量有望达到100万部。

德意志银行发布的VR报告提到了脸谱的VR战略，甚至还预测了该战略对脸谱财务业绩的影响。

在这份报告中，德意志银行预测：2016年，脸谱来自Oculus Rift硬件的营业收入将达到6亿美元，来自软件和应用内购买的营业收入将达到3 500万美元。

该报告中的软件和内容营业收入预期，是基于当前全球Steam PC游戏玩家的ARPU（每用户平均营业收入，为20美元）。基于移动VR用户较低的开支倾向，移动VR的ARPU为10美元。此外，到2020年，该市场ARPU将受益于一系列的非游戏营业收入，有望大幅增长。

当然，德意志银行做出的这一预测，无疑将随着时间的推移而有所调整。尽管如此，更多的内容也会加入应用商店中。目前，Oculus在Gear VR应用商店内拥有约50款游戏和应用体验，远低于谷歌Cardboard。

究其原因，是因为Oculus对应用商店采取了审核制度，而不是像谷歌那样对所有人开放。例如，Gear VR没有一款过山车应用，而Cardboard拥有十几款。当然，这样的区别凸显了脸谱和谷歌在VR市场的不同战略。

在VR领域，脸谱的VR战略值得研究者关注。脸谱创始人兼首席执行官马克·扎克伯格曾表示，脸谱之所以并购Oculus，是因为脸谱之前错失了在移动操作系统市场的竞争，此次并购是希望领跑下一个重大计算平台（VR）。

当然，将一个生态系统的各组成部分连接在一起，最终控制该生态系统，就需要掌控一些关键因素。比如谷歌Android，众所周知，Android是面向所有开发者的，而且是免费的。尽管如此，真正的经济控制权还是基于谷歌所处的中心位置，即通过核心API（如SDK）置身于消费者（分发）和开发者（内容）之间，谷歌通过其Play移动服务API和移动应用分销协议来强化Android的一致性、质量和安全性。

在马克·扎克伯格的VR战略中，其战略布局与谷歌Android类似。当然，如果Oculus能通过提供核心SDK/API控制VR的分发和内容，无疑就可以获得巨大的经济效益。由于应用商店主要是面向用户，自然是VR生态系统中营业收入的来源部分，而最终将用户锁定在Oculus平台上的是SDK和API，这对于Valve/Steam、索尼、谷歌和苹果也是如此。

众所周知，对于任何一个VR生态系统来说，开发者都可能成为其成败的关键。Oculus总裁帕尔默·勒基也曾表示，已与20万开发者在VR领域展开合作。当前的VR不只是一个庞大的社区。

德意志银行在发布的VR报告中预测："在未来数月，将有越来越多的AA级和AAA级内容工作室宣布为Oculus Rift开发游戏和其他应用。当前，Oculus正通过独家协议和其他协议的形式来资助部分内容。"

该报告还分析称："Oculus应用商店采用审核机制，各种应用必须满足特定标准才能上架，与当前的iOS应用商店类似。"在VR发展的初级阶段，采用审核机制合情合理。这与Valve的政策形成鲜明对比，后者与开放的Android应用商店类似。

"在预订阶段，Oculus Rift吸引了不少眼球，但尘埃落定后，Oculus还需要在开发者支持和商业化等方面与Valve Steam竞争。在游戏市场上，Valve已有20年的开发历史，但VR是一个新市场，因此我们仍对Oculus Rift持乐观态度。然而，许多行业专家表示：中坚游戏玩家很可能会选择HTC Vive，而Oculus Rift将成为VR热衷者的选择。"

02

谷歌：通过多种方式涉足 VR 产业链

在VR战略布局中，谷歌正通过多种方式涉足VR产业链，其中就包括旗下视频平台YouTube的 360度全景视频频道。

视频平台YouTube不仅收集了大量360度VR视频内容，同时还创建了一个有活力的开发者生态系统，允许个人用户和专业工作室创建优秀的VR内容。

谷歌公开的信息显示，Cardboard拥有的可观看VR视频内容时长已超过35万小时，位居Gear VR的100万小时之后。

这样的数据足以说明，在科技巨头中，谷歌正在积极拓展VR，甚至还通过多种渠道涉足VR产业。尽管谷歌的VR战略不如脸谱清晰，但谷歌的一些VR很具吸引力。因此，2016年谷歌已经与一系列Android OEM厂商合作开展各种VR/AR项目。

对于谷歌来说，将VR项目与Cardboard分开是符合谷歌战略目的的。VR的SDK、API和潜在的技术整合也要比Cardboard更具市场前景，主要原因是2017年移动VR可能将具备位置追踪和动作控制器。当然，谷歌将在Android 系统上推出VR旗舰应用，这是Oculus应用商店所不具备的。

当前，谷歌已发布的VR项目如下：

（1）Cardboard。据谷歌官网介绍，Cardboard是当前全球保有量最高的轻量级VR设备，其出货量已突破500万部。不仅如此，Cardboard还拥有1 000多项应用，而且其累计下载量已经超过2 500万次。

这样的喜人业绩远超过三星Gear VR。不过，用户体验后会发现，这两款VR产品隶属于不同的移动VR子类别。谷歌Cardboard还为其推出了一项VR拍照应用，允许用户拍摄360度的3D全景照片。

该功能与谷歌 Play应用商店类似。当然，谷歌VR应用商店也采取开放模式，允许开发者自由上传应用。这与其他VR应用商店存在天壤之别。比如Cardboard有十几款过山车应用，而Gear VR应用商店内没有一款类似应用。

（2）YouTube 360。视频平台YouTube不仅收集了大量的360度VR视频内容，同时还创建了一个有活力的开发者生态系统，允许个人用户和专业工作室创建优秀的VR内容。目前，Cardboard拥有的可观看VR视频内容时长已超过35万小时。

（3）Jump和Assembler。Jump和Assembler是谷歌开发的开源拍照应用，旨在帮助开发者创建新的VR体验。

03

HTC：“未来 20 年不是手机的时代，而是 VR 的时代。”

当2016年VR的暴风骤雨来临时，一些企业家对此信心满满，甚至不惜以全部身家来豪赌VR的未来。

研究发现，尽管VR已成为此次风口上的那头猪，但是仍有为数不少的创业者对VR技术持怀疑态度，其中就包括脸谱的创始人。马克·扎克伯格曾表示，虚拟现实的技术前景并不乐观。

扎克伯格的理由是，VR的普及至少需要10年，甚至需要20年。当然，批评VR的声音来自创业者，甚至还有VR业者。比如一个自称模拟飞行头盔专家的美国VR业者称，目前VR普及最大的困难就是无法解决眩晕问题，因此他不看好VR的商业前景。随后，他的观点在科技媒体上广为传播。

当媒体质疑VR的商业前景时，来自中国台湾的企业——宏达电（HTC）的董事长王雪红却对VR非常乐观。2016年5月，王雪红在“2016中国大数据产业峰会暨中国电子商务创新发展峰会”（数博会）上预测称：“（VR）一定比智能手机普及要快，我认为也就两年左右。”

基于此判断，HTC高歌猛进、加足马力，发力投资VR产业链，并为此建立了新的产品线，还配套了规模高达百亿美元的投资基金。

王雪红向外界传达了一个信息——HTC已经吹响了进军VR的号角。2016年4月，在2016年“全球移动互联网大会”（GMIC）上，HTC VR中国区总经理汪丛青表示：从个人电脑到功能手机，再到智能手机，每一个时代性产品的更迭速度都比上一代要快，而且更具沉浸感。不过，近年来，智能手机的销量已开始下滑，下一代替代智能手机的产品将是VR产品。因此，汪丛青断言：“未来20年不是手机的时代，而是VR的时代。”

在HTC的高层看来，VR的春天已经到来，所有的问题都无法阻挡HTC涉足VR产业的决心和步伐。自从2015年3月发布HTC Vive开发版开始，再到2016年2月开售HTC Vive消费者版，HTC只用了一年便赶上了Oculus三年的速度。

在外界看来，HTC涉足VR产业，其背后或许是已经连续四年下滑的营业收入和其在全球智能手机市场上占有率的下降。资料显示，2012年HTC的营业收入为2 890亿元新台币，而2015年HTC的营业收入为1 217亿元新台币；HTC的市场占有率从2011年的9.1%下降到2015年的1.3%。2015年，HTC的税后净亏损竟然达到155亿元新台币。这样的业绩可能是HTC豪赌VR未来的一个重要驱动力。

智能手机的衰落已成为行业常态

当HTC面临智能手机销量下滑时，昔日的劲敌苹果和三星也不好过，都面临同样的问题。不过，在红海死拼出一条血路的同时，HTC毅然挖掘出属于自己的蓝海市场，于是激流勇进到VR领域。

不可否认的是，HTC涉足VR无疑受到手机业务销量不佳的影响。究其原因，主要是因为HTC近三年的业绩都差强人意。

HTC近三年的财报显示，除了2014年有6.7亿元新台币的营业收入外，2013

年和2015年两年分别出现了39.7亿元新台币和142亿元新台币的营业损失，以及13.2亿元新台币和155亿元新台币的税后净亏损。

这样的业绩无疑会让HTC寻找转型之路。回首2011年，HTC在智能手机领域取得了耀眼的业绩，甚至被称为最辉煌的一年。同年，HTC的全球智能手机市场占有率竟然达到了9.1%，排名全球第五。在北美智能手机市场上，HTC的市场占有率曾一度超过苹果。

正是如此的闪亮业绩，让苹果公司羡慕嫉妒恨，因而苹果开始打击HTC。“卧榻之侧，岂容他人鼾睡。”这样的道理同样适用于手机市场。意气风发的HTC手机在美国攻城略地时，自然会抢占苹果的市场份额。

为了打击HTC，苹果采用了惯用的竞争手段——专利战。然而，让苹果欣喜的是，在首次启动对Android阵营代表HTC的专利战中，苹果就赢得了首个终审“胜利”。

在此次诉讼中，美国国际贸易委员会（ITC）裁定：HTC的确侵犯了苹果的一项专利，从2012年4月禁止HTC产品在美国市场销售。苹果可谓是“守得云开见月明”。

当时，作为全球最大的Android智能手机制造商，HTC可谓是风头正盛。据Canalys的资料显示，2011年第三季度HTC手机在美国市场的销量超过了苹果，成为美国市场的领头羊，其市场占有率达到23%，这意味着苹果的市场被HTC吞噬。

为了打击HTC，苹果有自己的战略布局。HTC在美国被禁售，就意味着HTC将失去50%的收入。这是很多研究者认为HTC败诉被解读为在美国市场遭遇重大挫折的关键所在。

根据HTC的描述，此次诉讼的结果并不像外界传言的那么糟糕，此次HTC被判侵权的只是UI界面上的一个小应用，只要HTC在销往美国市场的产品中删除此项设计，仍可以在美国市场上销售。因此，尽管HTC输了官司，却获得了自诉讼官司开始以来最有利的位置。这就是HTC在声明中表示了“欣慰”的关键因素。

时任HTC总裁的周永明得知败诉的信息后表示，HTC公司已研发出了一种新型手机，可以有效地回避与苹果公司在一项专利纠纷案件中涉及的技术。

尽管如此，遭遇到苹果打击的HTC还是一落千丈。《新京报》记者赵谨撰文称：众所周知，苹果创始人之一乔布斯生前一直对谷歌当年“背信弃义”创建Android耿耿于怀。他曾表示：“如果需要的话，我要用尽最后一丝力量和苹果账户里的全部400亿美元现金来纠正这个恶行，我要摧毁Android。因为它是个偷窃的贼，为此，我不惜发起热核战争。”

在赵谨看来，作为Android阵营三大制造商中的HTC、摩托罗拉和三星，自然就成了苹果公司重点清剿的目标公司。

由于摩托罗拉公司手中握有丰厚的专利储备，因而在专利战中占据了主动地位，甚至还在德国的相关诉讼中获胜，而且摩托罗拉成功“驱逐”了苹果手机。

在这三个公司中，由于HTC是一家以做手机代工起步的公司，在手机专利方面的储备自然无法与摩托罗拉相提并论。在苹果状告HTC侵权后，HTC才匆忙收购S3以充实自己的专利储备。然而，HTC在收购S3前无法了解专利诉讼案的细节，在细节公布后，HTC才发现S3拥有的专利不是它们想要的。因此，HTC的冒险也随之失败。显然，现在HTC的专利储备仍然不足，无法为其市场领先地位保驾护航。[①]

正因为如此，HTC才遭到苹果的专利围剿，因而处于风雨飘摇之中。因此，赵谨撰文称：“在ITC做出终审判决后，HTC仍面临着大量工作，诸如购入更多的专利，或者通过利益交换，从对手及盟友那里获得更多的专利授权。”

在苹果公司“重型火炮”的攻击下，HTC的辉煌业绩未能持续多久就开始衰落：一方面，HTC与苹果和三星直接交锋，同时还与华为、小米等中国大陆手机厂商两线作战，这样手机行业很快就变成了一片红海；另一方面，由于HTC不重视中国大陆智能手机市场，一味地拓展欧美市场，而欧美市场逐步萎

---

① 赵谨. 苹果获首个终审“胜利” HTC仍需补强专利. 新京报，2011-12-22.

缩，导致其全面崩盘。

资料显示，从2012年开始，HTC全球智能手机的市场占有率就开始逐年下降。为了拯救HTC这艘大船，从2013年10月开始，作为创始人的王雪红越来越多地亲赴前线，甚至还参与日常运营与管理。

然而遗憾的是，积重难返的HTC已经染上了大公司病的恶习，这让强势的王雪红举步维艰，未能扭转业务下滑的局面。

中国手机联盟的秘书长王艳辉在接受《经济观察报》记者刘创采访时坦言："在智能机时代，手机的核心竞争力是不一样的。苹果依靠封闭的生态，三星有垂直的产业链，而中国大陆Android市场看的是性价比。……HTC没有三星、苹果那样的独特优势，在中国大陆市场又不愿放弃高溢价，衰落是必然的。"

究其原因，HTC同时面临苹果的控告以及三星的打击与竞争，再加上昔日的手机霸主诺基亚在欧洲连续起诉HTC，使得HTC"屋漏偏逢连夜雨"，这样的重创如同一把又一把利剑直接削减了HTC的智能手机市场份额。此外，HTC追求产品的类型和数量，忽视了拥有核心竞争力的智能手机的打造，再加上HTC对中国大陆市场的错失，使得HTC在智能手机领域雪上加霜。

VR的入口

当HTC面临智能手机业务急速亏损时，摆在HTC面前的有两条路：一条是积极转型，另一条是被动转型。

事实上，自2014年以来，转型就成为一个企业界的管理热词，似乎不提转型就有点跟不上形势。关于转型，海尔集团首席执行官张瑞敏曾在公司内部讲话中用了八字方针——"自杀重生、他杀淘汰"来解读转型的紧迫感。

回顾这几年倒下的巨头企业就不难发现，柯达公司没有选择"自杀"，它放弃了最先研发的数字照相技术，死守胶卷照相技术，结果被"他杀"了。又如，当年手机巨头诺基亚放弃选择Android系统，最终被苹果"他杀"了。诺基亚的衰落只用了4年时间，但市值竟然蒸发了千亿美元，这样的教训值得中国传统企业反思。

不管是柯达还是诺基亚，它们倒下的经历都让张瑞敏忧虑。在这样的背景下，张瑞敏不得不开启“自杀重生、他杀淘汰”的转型引擎，风风火火地启动了海尔史上最为惨烈的“自杀工程”。仅在2014年，海尔就裁员1万人，而此前海尔就已裁员1.6万人。

可以说，海尔的“自杀重生、他杀淘汰”的转型，与其说是传统企业向互联网公司转型的一次伟大尝试，不如说是一个传统企业血与泪的变革创新。

究其原因，是在这个转型过程中互联网技术带来的管理革新已经颠覆了传统的管理模式，由于传统的边界已经缺乏理论支撑，而消费者的个性化需求越来越强，这都为企业转型带来了新的挑战和难度。

在这样的际遇下，HTC开启了自己的转型之路。这意味着HTC这艘手机巨轮不得不壮士断腕，甚至有研究者建议称，当HTC手机业务巨额亏损时，HTC必须放弃自主品牌的构建，而应该重回代工时代，并等待新的业务增长点。

对于这样的建议，王雪红是不会接受的，因为HTC已经不可能回到代工时代。对于此刻的HTC来说，挖掘VR产业链的蓝海市场可谓是一个不错的转型关键点。

在这样的战略背景下，2015年3月HTC在世界移动通信大会（MWC）上发布了HTC Vive头显；同月，HTC向外界宣布，HTC将于2015年年底发售HTC Vive消费者版。HTC做出如此大的动作，旨在向投资者、消费者表明自己涉足VR领域的决心和信心。

当HTC投资的重心向VR倾斜时，自然无暇顾及手机业务。2016年4月，当HTC 10上市时，HTC连一场发布会都没有举办，这样的事实足以说明HTC已逐渐远离智能手机业务。

随后，据媒体报道，王雪红现身北京HTC Vive中国战略暨VR生态圈大会。王雪红此行的目的是力推VR的相关计划。

HTC对手机业务的不重视，导致HTC 10手机在中国大陆市场的销量不佳，上市三个月后便开始降价。当然，HTC之所以在虚拟现实业务中付出巨大努力，是因为这一业务可为HTC的营业收入做出重大贡献，不断推动收入上升。在HTC看来，当前的虚拟现实业务处在多年增长的初始阶段。

在一些研究者看来，目前VR领域较为火爆，但缺乏有代表性的硬件产品和有沉浸感的内容；与此同时，VR存在的眩晕问题依旧没有得到有效解决，但抵挡不住消费者对VR产品的热情。目前，上市的VR产品包括数十元的谷歌纸盒、几百元的国产VR眼镜以及6 000多元的HTC Vive等，这些VR产品让消费者目不暇接。

基于如此的大势，作为HTC Vive中国区总经理的汪丛青信心满满，于是在2016全球移动互联网大会上公开宣称："未来4年内VR的销量会超过智能手机的销量。"

国际数据公司——IDC的研究资料显示，2016年VR硬件出货量达到了960万台。到2020年，VR硬件出货量将达到6 480万台。也就是说，2016—2020年的年增长率为61.2%。

为此，在2016年第一季度的财务说明会上，HTC全球销售总经理张嘉临公开宣称："HTC将投入大量资源，确保其在VR领域的领先地位。"

为了更好地保证在VR领域的领先地位，在更早时，张嘉临就曾向外界传达了HTC Vive是HTC实现业务多元化的体现，HTC并不局限于做智能手机品牌，而是要成为一个生活科技类品牌。为此，张嘉临坦言："在智能手机研发支出方面，HTC不会再增加，但针对非智能手机设备的研发费用，HTC将继续增加。这就是HTC会就虚拟现实业务采取的措施，虚拟现实业务在2016年接下来的时间里会占营业开支的一大部分，同时我们预计也会占营业收入的一大部分。"

在VR领域，索尼、Oculus、华为等企业被HTC Vive视为最大竞争对手，它们在2016年也发布了各自的消费者版VR产品。与此同时，作为手机销量霸主的三星同样早早发布了自己的VR产品——Gear VR。在操作系统领域卓著的微软公司也在大力开发自己的虚拟现实（VR）+增强现实（AR）的混合设备——

HoloLens。

不仅如此，现金储备充裕的苹果也在近两年连续收购VR公司、招募VR人才，积极进行自己的VR布局。当VR如火如荼地进行时，中国大陆的VR厂商也不甘落后，以性价比取胜，如蚁视VR。

当然，要想领先对手，就必须解决VR产品普遍存在的眩晕问题。不过，HTC对此问题显得相当自信。HTC高层称，除了达到90帧每秒的刷新率外，HTC Vive的Lighthouse定位技术可以使用户在20平方米的房间内做出各种动作，将视觉变化和身体动作较好地结合，有效地解决了眩晕问题。

英国《独立报》报道了下述新闻：2016年1月，一名叫作索斯滕·威德曼（Thorsten Wiedemann）的男性在做了连续佩戴HTC Vive长达48小时的实验后，坦言："我没什么生理问题，眼睛没有受不了，也没有头痛或者想吐。"

面对如此良好的开局，一部分VR领域的专业人士发表评论称：眩晕问题不能一概而论，究其原因是因人而异，就像有人晕车，而有人不晕车一样。

HTC 的 VR 路径

不可否认的是，要想在VR领域领先，不仅要发布硬件产品，同时也必须在内容上下功夫。因此，为了解决内容问题，HTC也积极通过资本的力量涉足VR内容领域。

2016年4月，在HTC Vive中国战略暨VR生态圈大会上，作为HTC当家人的王雪红对外宣布了Vive X的加速器计划。王雪红声称：HTC将投入超过1亿美元的资金，用以支持VR开发者和初创团队生产更多、更优质的VR内容。

不仅如此，2016年6月，HTC又联合其他27家投资机构成立了"虚拟现实风投联盟"（VRVCA），该联盟可以提供100亿美元的投资资金，旨在通过资本的力量来推动虚拟现实技术、内容以及整个产业的发展。

这样的战略思维足以说明HTC对VR的重视，同时说明了HTC对VR的战略方向。比如HTC选择与Valve的合作，就是一个典型的虚拟现实+游戏的合作案例。

众所周知，Valve是一个全球知名的游戏软件公司，曾开发过《半条命》《反恐精英》等风靡全球的电脑游戏。

在2015年HTC财务说明会上，HTC全球销售总经理张嘉临表示：HTC Vive的未来是一个成熟的生态系统，但VR的早期用户主要是在游戏方面。

对于HTC与Valve的战略合作，3Glasses CEO王洁给予了高度评价。在接受《经济观察报》记者刘创采访时，王洁坦言："从当下考虑，游戏是最好的VR切入口。"

在王洁看来，从开发端的角度来说，将现有的游戏开发引擎（如Unity）用在VR游戏开发上是比较符合逻辑的；而从消费端来说，游戏玩家通常对新颖的科技产品接受度较高，较有可能成为VR早期产品的消费者。[①]

公开资料显示，Valve旗下的游戏平台Steam就拥有超过1.25亿用户，其用户在美国最多，超过2 500万，其次是俄罗斯、德国和中国。

这样的思路也反映了HTC一贯的"先欧美、后亚洲"的开发策略。HTC把HTC Vive的发展重点放在美国，有其自身的战略考量。究其原因，是因为美国的VR市场非常巨大，而后将扩张至英国、德国和中国。这样的目标市场排序，与Steam用户数量的地区排名几乎一致。

---

① 刘创. HTC智能手机乏力回天　下重注押宝VR游戏开发. 经济观察报，2016-07-17.

04

苹果：VR 战略步伐从未停止

2016年9月7日，苹果终于掀开了iPhone 7神秘的面纱，高调地举行了iPhone 7新品发布会。

在该发布会上，虽然苹果没有提及VR，也没有对VR做出任何形式的声明，但是熟悉苹果的研究者都知道，苹果推出VR新产品只不过是一个时间问题。

对于苹果而言，透露VR新产品还为时尚早，此次发布会只公布了iPhone 7和Apple Watch 2。

作为科技企业的苹果，其总体战略似乎是等待市场成熟后再采取行动，然后根据市场制造出完美的苹果产品。

因此，苹果正在积极地研发VR产品。研究发现，在过去的几年中，苹果一直在积累相关领域的经验，并且目前可能已有了将VR应用于其产品系列的探索，即苹果的VR战略步伐从未停止。

虚拟现实并非小众产品

作为盈利大户，苹果在硅谷的老大地位并未受到冲击：2015年，苹果的利润占到硅谷150家上市公司整体利润的40%。

这样的业绩足以说明，苹果的创新正迎来收获的季节。尽管如此，全球经济的疲软乏力还是影响了苹果的财务数字，当蒂姆·库克承认苹果将面临有史以来首次销售下滑的事实时，几乎所有媒体的焦点都聚集在苹果的创新上。

面对媒体的讨伐，Gartner消费市场和技术研究首席分析师吕俊宽较为理性，他说："如果库克能将一些新技术应用到未来产品的开发上，创造出新的改变人们消费习惯的产品，苹果公司未来的前景依然可期。"

在吕俊宽看来，苹果的创新依然被看好；即使是智能手机，苹果也有其独到的创新点，根本就没有趋于饱和的可能，因为任何一个企业的产品边界都取决于产品的创新。为此，蒂姆·库克认为：中国市场仍然保持强劲增长，下一个大的增长点将是印度市场。巴西和俄罗斯的经济企稳后，也将带动iPhone销量取得新的增长。

为了能够顺利地转型，苹果正在探索新的盈利产品。在下一轮产品研发中，是汽车，还是虚拟现实设备？2016年，苹果专门从学术界招聘了知名虚拟现实研究员、弗吉尼亚理工大学教授道格·鲍曼（Doug Bowman）。

关于苹果对虚拟现实设备研发的态度，蒂姆·库克在一次电话会议上就谈到了该方向。蒂姆·库克认为："关于虚拟现实，我不认为这是小众产品。我认为，这非常酷，能带来有趣的应用。"

尽管蒂姆·库克并没有明确谈到这些"有趣的应用"是什么，但这一回答明确表明，蒂姆·库克非常重视虚拟现实技术的开发。

苹果掀起 VR 格局之争

在苹果的VR战略中，苹果一直引用其极致的产品策略。著名的苹果概念设计师马丁·哈耶克（Martin Hajek）通过视频介绍了未来苹果虚拟现实设备的设计构想。

按照马丁·哈耶克的设想，苹果的VR头显应该包括两个高分辨率的AMOLED显示器，可以放置在前额、用于增强现实的立体摄像机，以及支持耳机和Lightning数据线，同时结合了苹果手表的材料和设计，其跟踪传感器和绑带将与苹果手表完全一致。

根据蒂姆·库克的介绍，目前苹果有一个数百人的研发团队正在设计和研发虚拟现实产品，并准备与脸谱的Oculus Rift以及微软的Hololens正面竞争。由于苹果对VR头显的专注与极致态度，这款产品的发布无疑还需要一段时间，因为苹果发布的产品至少能与这些巨头相抗衡，甚至是颠覆性的产品。

可以说，苹果最终的虚拟现实设备肯定按照马丁·哈耶克的构想去研发和设计。马丁·哈耶克的设计构想向用户传递了一个非常明显的信号——苹果涉足VR领域已经毫无悬念。

按照苹果极致产品的做法，苹果拓展VR领域必然是一件好事。究其原因，苹果致力于改变世界的产品已不是秘密。届时，用户的消费方式和生活方式将会因苹果VR而改变。

为了更好地研发和设计颠覆性的VR产品，苹果做了如下布局：

2010年9月，苹果耗资2 900万美元并购了瑞典面部识别技术公司——Polar Rose。

2013年11月，苹果耗资3.45亿美元并购了以色列实时3D运动捕捉技术公司——Prime Sense。Prime Sense的代表作是微软Xbox的体感检测设备Kinect的第一台动作传感器。

2014 年12月，苹果开始广发英雄帖，招聘拥有经验的VR/AR技术工程师。在招聘广告中，苹果明确标注了被录用的技术工程师将参与为下一代苹果产品开发基于AR的软件及工具。

2015年2月，苹果申请了一项专利，把一台头戴显示装置和其他类似于iPhone 的便携式电子设备结合起来以便用于观看，其形态和现在市面上的 VR眼镜很像。

2015年5月，苹果耗资 3 200 万美元并购了德国增强现实技术公司——Metio，其 171 项 AR 领域的全球专利也被收入苹果囊中。

2015年11月，苹果并购了瑞士面部识别技术公司——Faceshift。Faceshift公司是最新的《星球大战》系列电影的特效制作方之一。

2016年9月2日，苹果通过了一项关于VR头戴设备的新专利。在这次专利申请中，苹果把该专利命名为“带有显示屏的头戴式便携VR设备”。

公开资料显示，苹果VR专利产品与三星的Gear VR非常相似，但它专为iPhone打造，见图6-1。

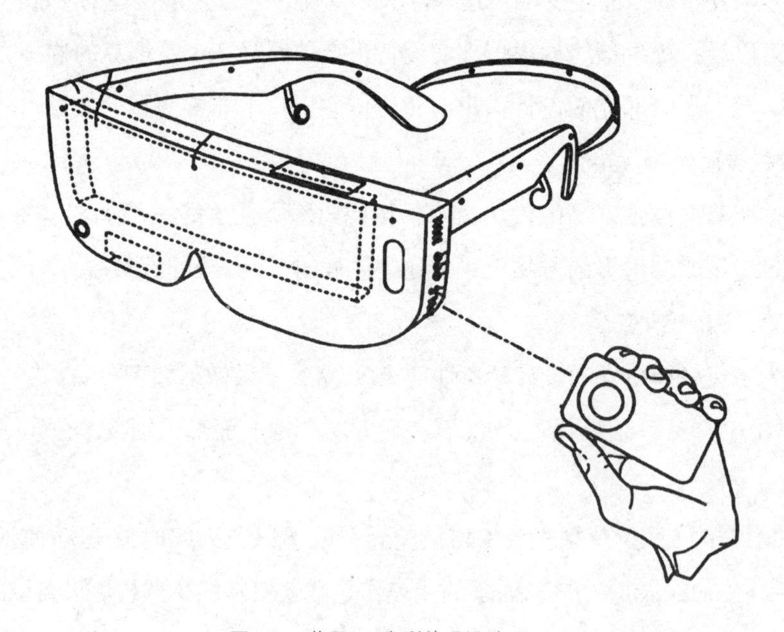

图 6-1　苹果 VR 专利外观设计

从图6-1可以看到，尽管此款苹果VR头戴设备在外观设计上较为普通，但它可以将iPhone放到里面使用，并配备了双镜头以及遥控器装置，见图6-2和图6-3。

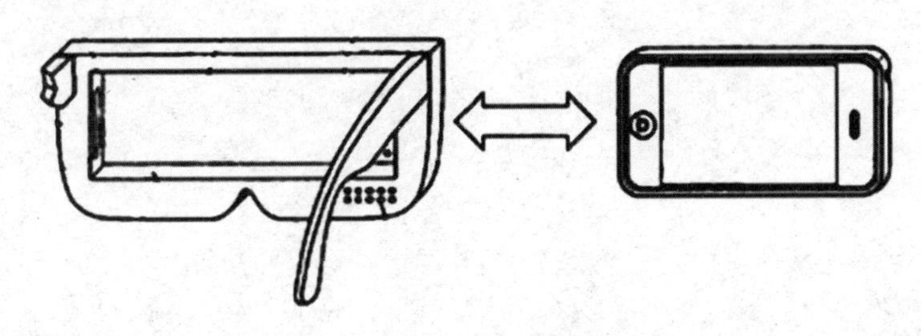

图 6-2　苹果 VR 专利外观设计图二

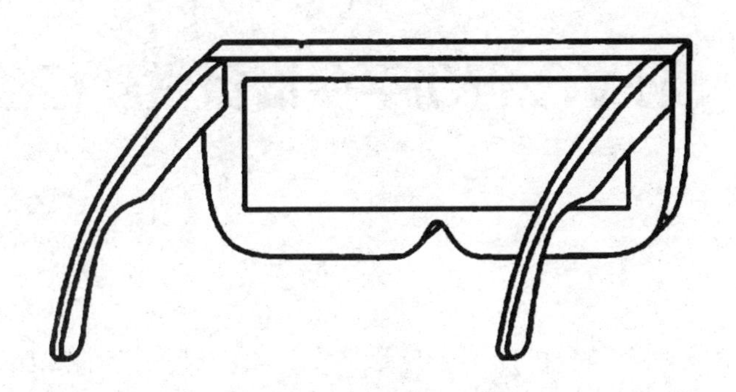

图 6-3　苹果 VR 专利外观设计图三

当然，在苹果的VR战略中，不管是入股其他企业还是申请专利，都证实了苹果目前已开始在虚拟现实领域进行了相关工作的研发，而且已在VR领域有所布局，并且这家技术型巨头正在增强自己的内在实力。

可以预见，苹果低调又秘密研发的苹果VR头盔必然颠覆甚至引领VR革命浪潮。为此，学者高度评价了苹果的VR战略："苹果的VR战略再次掀起VR格局之争。未来的技术革命由谁来主宰，是谷歌、苹果、微软还是BAT，甚至是下一个未知的巨头？总之，这些巨头对VR的布局将会掀起VR格局之争，最后将推动整个世界技术的变革。"

05

KATVR：把VR行动平台设备做到极致

《2017中国VR产业投融资白皮书》显示，作为VR产业元年的2016年，中国VR市场的总规模仅仅达到68.2亿元，如此业绩对于风口上的VR产业来说仍处于市场的培育期。

值得欣喜的是，随着Oculus Rift、HTC Vive、索尼PS VR等多款产品的集中上市，2017年因此迎来了VR的战略发展期。

基于对目前VR的整体市场、产品成熟度以及关键技术指标等的评估，尤其是在即将到来的5G时代，赛迪顾问对VR的发展持乐观态度：预计到2020年，VR市场将进入相对成熟期，市场规模将达到918.2亿元。

赛迪顾问的数据显示，2015—2020年的VR市场规模均在持续走高——15.8亿元、68.2亿元、170亿元、342.8亿元、610.4亿元、918.2亿元，见图6-4。

这组数据面对的是即将到来的5G时代，随着5G高带宽时代的到来，基于移动宽带增强（eMBB）、超高可靠、超低时延通信（uRLLC）、大规模物联网（mMTC）应用场景的体验，曾经的技术壁垒因此被打破，使VR的高速发展成

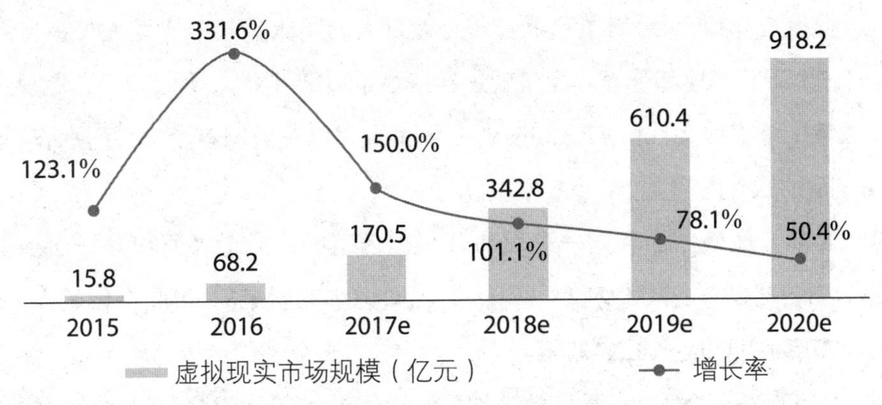

图 5-1　2015—2020 年 VR 市场规模预测

说明：字母“e”表示预测值。
资料来源：《2017 中国 VR 产业投融资白皮书》。

为可能。

5G凭借自身的“高带宽”“低延时”“大容量”等特点，使得许多行业与通信行业相连接，引发虚拟现实、工业互联网、车联网和移动医疗等新兴行业的技术创新热潮。

5G的低延时特点就为 VR的高速发展提供了现实土壤，再加上5G的大容量、更快的数据传输速率等特点，VR巨大的潜在商业价值被激发出来。随着移动宽带互联网的快速发展以及智能终端的普及，各个运营商会拓展移动视频业务，有些运营商的视频业务占比已经趋近50%，并且还在快速增长。

与此同时，基于VR/VR终端的移动漫游沉浸式业务逐渐成为增强型移动宽带业务的发展方向。作为 5G通信技术，低于20ms的端到端可保证时延及其云网络构架的优势也为VR的进一步发展提供了技术支持。

基于此，随着VR技术持续不断地发展，其市场前景非常广阔，但当前VR行业亟须解决VR存在的普遍问题——模拟晕动症、空间受限以及安全隐患问题。

当VR行业遭遇上述问题时，杭州虚现科技有限公司（KATVR）联合创始人、CEO庞晨领导的团队解决了模拟晕动症、空间受限以及安全隐患问题这三大难点。

据庞晨介绍，目前KATVR公司有近百人的团队，其中研发人员占比超过50%。由于其兴趣和爱好，庞晨就这样涉足了VR产业圈。不仅如此，庞晨还是中国首个虚拟现实社区VR China的社区负责人以及中国首个VR行业活动平台VR Play的联合发起人。

此前，庞晨在加拿大一个贸易公司担任COO，由于兴趣和爱好而结识了KATVR公司CTO王博（KATVR创始人）、CMO周骏（KATVR联合创始人），三人于2015年共同成立了KATVR。

KATVR是一家VR交互设备提供商，该公司专注于VR交互设备的研发、生产与销售，并自主研发了ODT（Omni-directional treadmill，万向行动平台，俗称VR跑步机）平台KAT SPACE系列产品，其研发领域包括虚拟现实交互、人体工学、人机工程、动作捕捉技术等。

据庞晨介绍，KATVR拥有国内外四十多项独立知识产权，其独立自主研发了全球首款无束缚VR行动平台KAT SPACE等系列产品，也是全球三大ODT专业供应商之一。

当然，KATVR作为全球为数不多的ODT专业供应商，就是因为解决了上述三大难点，真正地实现了虚拟空间无限位移。

据庞晨介绍，为了解决上述问题，KATVR在产品机械结构、传感器以及算法上进行了多层级的研究，自主研发了一系列VR硬件，实现了无束缚开放式安全设计、可坐可蹲跳、身高体型自适应、布置灵活可多人对战等多种功能。

其次，KATVR研发的VR产品在非常小的空间内，即使在一两平方米的房间里，也可以实现在虚拟世界中的无限位移。

在KATVR解决了用户受物理空间或者内容限制的问题后，用户在进行VR游戏、安防训练、虚拟旅行、虚拟教育、虚拟场景漫游时，只需要较小的空间，因此KATVR的VR产品非常适合健身、跑步等运动。其场景可以随意替换，既可以是一个房间、一个操场，也可以是一座城市，见图6-5。

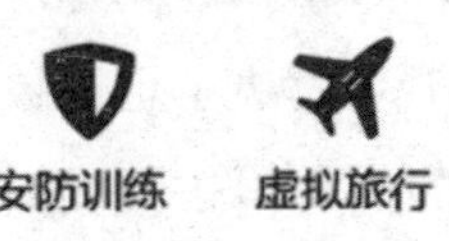

图 6-5 KATVR VR 产品的行业应用

实现上述需求的产品名叫ODT，这是一种针对VR的人体输入设备，它解决了VR体验中的物理空间局限问题。

据庞晨介绍，万向跑步机的优势是，突破了物理空间的束缚，可以在任何大小的应用场景下应用。例如，在游戏领域，用户可以自由地控制其路线、去向，既可以防御、主动出击、迂回走位，也可以逃跑，极大地增加了自由度，与其适配的游戏类型也多种多样，见图6-6。

图 6-6 KATVR VR 产品的游戏应用

据庞晨介绍，KATVR的这款产品还可以应用在B端。例如，提供消防演练以及消防方案的公司，通过这种设备可以进行预演，训练逃生等，这样的应用在该领域突破了传统行业的限制。

正因为KATVR解决了上述技术瓶颈，作为一个技术导向型公司，在成立不到两年的时间内，由于该团队的良好表现，就获得了3次融资。2016年年初，KATVR因此获得了九合创投领投的数百万美元的天使轮融资；2016年7月，KATVR获得了VR制造业公司百万美元的战略投资；2017年2月，KATVR获得了浙江金控资本、硅谷天堂产业共同投资的3 000万元A轮融资。

据介绍，KATVR的主要业务涵盖VR交互设备的研发、生产和销售。该公司已拥有一套基于KAT SPACE VR万向行动平台的包含硬件、软件、内容、服务的商用解决方案KAT PLAY。

在庞晨看来，KATVR一直重视技术，秉承“专注做好一件事”的工匠精神，旨在把VR行动平台设备做到极致，让用户真正看到ODT节约成本的价值所在。基于此，KATVR公司并不满足于现状，还在积极地拓展自己的边界。

庞晨坦言，VR行业像马拉松长跑，KAT已开始涉足B端教育市场。目前，KAT公司的营业收入主要分为两大块：一是基于KAT SPACE VR万向行动平台的包含硬件、软件、内容、服务的商用解决方案KAT PLAY的销售；二是使用软件平台上内容产生的收入。

庞晨说道：“VR行业无论从硬件、内容还是生态来说，都是一个马拉松式的长跑，不存在一蹴而就的情况。目前的VR仍是一个B2B2C的过程，C端的爆发是不会在一瞬间发生的，市场需要一个被教育的过程。在这个过程中，从业者要做好蓄力，这样才能在C端市场真正到来的时候做好万全的准备。”

由于VR是一个高技术的行业，因此必须加强构建技术壁垒。庞晨坦言：“公司会将A轮融资资金用在研发方面，进一步加强技术壁垒，稳固核心竞争优势，在优化现有产品的同时也会重视市场运营以及团队的升级。另外，公司还会推出更多围绕ODT产品的、人性化的VR交互设备。”

06

华为："抢占生态链顶端，做 VR 领域的管道工"

2016年5月10日，在华为"唤醒"发布会上，华为发布虚拟现实产品——荣耀VR，该VR设备类似于三星Gear的产品，专门为荣耀V8手机定制。

荣耀总裁赵明现场介绍，荣耀VR眼镜拥有专门的完整产品版和折叠版。其中，完整产品版荣耀VR内置HiFi，0 ~ 700度近视可调，折叠版VR眼镜则可以由5部荣耀V8包装盒组合而成。在不远的未来，荣耀VR将与优酷开展战略合作，由其提供大量VR视频内容。

赵明介绍，荣耀VR是全球首款360度视觉/声场同步的移动VR，该产品提供了通话及微信显示功能。

在技术参数上，荣耀VR低至20ms超低延时，提供0 ~ 700度近视可调，内置HiFi级环绕立体声卡，支持优酷旗下156部VR片源。同时，这一产品的包装还可以通过特定的方式折叠，转换成一个Cardboard式的简易VR眼镜。

另外，荣耀V8手机在系统层面上针对VR设备做了深层优化和匹配，用户可以享受到荣耀V8的视频2.0、护眼模式以及影院模式等独特的体验。

研究发现，华为推出荣耀VR产品，不仅亮点耀眼，而且可以凭借该款设备在未来的VR硬件市场分一杯羹。这就是华为布局VR的用意。

做为VR设备供水的“管道工”

在华为的发展战略中，始终坚持“以客户为中心”。在华为看来，要想在VR领域后发制人，特别是在VR硬件和内容的这片红海里与其他大牌厂商血拼出一条路，就必须依据华为自身的战略特点制定战略。为此，华为选择了竞争最小、技术优势最大的方向——高速通信网络建设。

华为的高层深知，在极致体验的时代，用户要想实现完美的虚拟现实应用体验，每秒就需要处理高达5.2G的数据量，时延低于20ms。

这样的要求提升了VR应用对硬件和网络的速度。可能这样的解释过于专业化，我们以一个常见的实例来说明，当用户观看2K视频时，平均需要4M的带宽，而4K视频就需要18M带宽了。

与4K视频相比，VR传输需要175M的带宽。目前，由于网络速率受到不同程度的损耗，无疑需要更大的网络容量，才能有效地支撑VR高品质画面的传输。不仅如此，经营者必须解决传输延时给用户带来的眩晕问题，才能给用户提供极致的VR体验。

与其他涉足VR的企业相比，作为世界领先的通信技术企业，通信网络建设本身就是华为的看家本事；尽管目前做VR传输“管道”建设的公司有几家，但竞争相对最小。

在2016年Huawei Global Analyst Summi（华为全球分析师大会）上，华为消费者业务CEO余承东就向与会者明确表示，面对VR的商业前景，华为自然不甘落后，即使VR技术的成熟商用还需要两到三年时间，但作为高科技企业的华为无疑不会缺席。

华为无线网络业务部FDD产品总裁王军坦陈：“目前的网络不足以支撑起VR的良好体验，特别是无线VR。”

华为常务董事、战略营销总裁徐文伟也明确表示，华为在VR领域的发力点是高速网络传输，做为VR设备供水的“管道工”，做高速通信网络建设的“挑战者”。

在5G 技术标准制定上，华为处于领先地位。未来，华为将为VR传输在超宽带、零等待的网络方面提供支持，着力建设更高速率的4.5G和5G网络，努力实现VR体验毫秒级延迟，解决因传输延时带来的眩晕问题，帮助目前的4KVR视频实现真正的沉浸式体验。在2016年华为全球分析师大会上，华为联合沃达丰成功演示了4.5G网络，通过华为GigaRadio基站，用户峰值速率超过1Gbps，这表明高速网络传输技术取得了突破性进展。

从全球通信业技术发展的周期来分析，5G应用的速度比4G来得更加迅猛，因为像华为、爱立信这类全球数一数二的无线通信技术引领者在5G领域的较量已经悄然拉开。

为此，时任爱立信CEO的汉斯·卫翰思（Hans Vestberg）在接受媒体采访时说道：“5G预计到2020年才可商用，但爱立信已在研发该技术，并与全球不同的5G研发组织合作，与客户、学术界和其他设备商一起，希望开发一个统一的5G标准。”

在这场竞争中，时任华为轮值CEO的胡厚崑在MWC会上大谈5G：“华为在2G、3G时代是个追赶者，在4G时代实现了与国外巨头齐头并进，在5G时代将力争成为全球的引领者。”由此可见华为对5G的重视程度。

华为与爱立信在5G领域的较量，除了较量技术外，核心的问题是制定标准。在很多论坛上，企业家甚至把“一流的公司做标准，二流的公司卖技术，三流的公司卖产品”作为口头禅，可以说，只有控制标准，才能占领市场的制高点。

在标准制定之前，中国、欧盟、日本以及美国的研究机构和团体都普遍预测2020年将是5G商用的时间节点，但迄今为止，5G尚未形成一种成型的技术或标准。2013年2月，欧盟宣布拨款5 000万欧元，加快5G移动技术的发展，计划到2020年推出成熟的标准。

2013年5月13日，韩国三星电子有限公司宣布，已成功开发第5代移动通信（5G）的核心技术，这一技术预计将于2020年开始推向商业化。该技术可在28GHz超高频段以每秒1Gbp以上的速度传送数据，而且最长传送距离可达2公里。

…………

这组数据足以说明5G的概念依然很模糊。这就是华为、爱立信等技术型企业竞争的核心。参与标准制定、掌握专利所有权一直是爱立信等海外企业一项规模非常大的业务，特别是前几代网络和移动设备的大部分知识产权都在其手中。

这就为华为5G标准的制定提升了难度。此次华为加入开发5G网络的竞赛，就不能局限在自家实验室内，还必须在行业层面与运营商甚至是竞争者开展协作。

胡厚崑在世界移动通信大会期间就谈到了协作的事情："过去一家主导的标准在5G时代并不适用，需要各行业进行广泛的合作和对话，通过跨行业的沟通与合作，更好地理解不同行业应用对5G通信网络的需求，尤其是那些具有共性的需求，才能更好地定义5G的标准，用各个行业的应用需求，促进5G的技术创新。"

随后，华为就高调宣布与日本最大的移动服务供应商NTT DOCOMO签署协议，在中国和日本开展5G的外场联合测试，共同验证新空口基础关键技术；携手英国萨利大学5G创新中心5GIC，宣布启动世界首个5G通信技术测试床；与俄罗斯电信运营商MegaFon签署协议，提前在2018年建设5G试验网……

不仅如此，华为还投入巨资研发5G网络。华为宣布，将在2018年前至少投资6亿美元用于5G技术研究与创新。

面对华为在5G网络的投入，爱立信也在积极运作。究其原因，一贯在标准制定上担任引领角色的爱立信自然不会轻易把机会留给华为。

据悉，爱立信为了更好地推动5G的标准化和商用化发展，在全球与研究机构、运营商、厂商等产业链各个环节进行了深入合作——爱立信与IBM开展5G相控阵天线的设计，致力于使网络的数据传输速率较现在提升多个数量级；爱立信与中国信息通信研究院签署谅解备忘录，双方将联合在5G领域开展研究和开发；爱立信宣布启动“瑞典5G”研究项目，将围绕5G，与多个重要的行业合作伙伴、重点大学以及研究机构开展合作，共同引领数字化的发展。

在卫翰思看来，爱立信作为移动宽带网络领域的领导者，毋庸置疑地希望在5G时代到来时，能继续巩固爱立信作为第一移动宽带网络提供商的地位。与此同时，越来越多的国家、运营商和设备商也加入了5G战局。中兴通讯近期提出了Pre 5G概念：可将5G中的部分技术直接应用到4G中来，甚至可以不需要改变空中接口标准，直接采用4G终端就可以实现。这样就使用户能够提前得到类似于5G的用户体验。

尽管国际电联目前尚未启动5G标准评估工作，因为各国和各组织提交的技术标准仍在搜集当中。这意味着谁参与制定的5G标准被认可，谁就会在未来的5G时代拥有话语权。这就是华为与爱立信纷纷研发5G的原因，因为这不仅是一次较量，而且是标准之争。

做内容生产的集大成者

与VR硬件生产一样，华为在内容制作上也按照自己的步骤在进行。面对内容为王的商业模式，华为如何实现丰富的内容生产，支撑起华为未来VR内容平台的生存？如何在与众多内容生产商的激烈竞争中实现破局，最终脱颖而出？……

诸多的问题一直在困扰着华为。面对问题，华为走出了一条与众不同的路，它要与多方合作，做VR内容制作的集大成者。

在华为的战略中，华为并不打算染指以视频为核心的VR内容这个巨大的蛋糕，以免在内容制作这条狭路上与其他VR内容开发者短兵相接。

在当下，只有开放与合作，才能真正地实现共赢，赢得最后的生存机会。华为一直坚持开放心态，绝不因为坚持某些优势而放弃开放。任正非多次强调："我们一定要建立一个开放的体系，特别是硬件体系更要开放。我们不开放就会死亡。"这样的忧虑足以说明华为对开放的态度。

2012年7月2日，任正非与华为"2012诺亚方舟实验室"专家开展座谈会并回答了与会人员的提问，终端OS开发部部长李金喜问任正非："我来自中央软件院欧拉实验室，负责面向消费者BG构建终端操作系统能力。当前在终端OS 领域，Android、iOS、Windows Phone 8 三足鼎立，形成了各自的生态圈，留给其他终端OS 的机会窗已经很小，请问公司对终端操作系统有何期望和要求？"

任正非的问答让李金喜很诧异："如果说这三个操作系统都给华为一个平等权利，那我们的操作系统是不需要的。为什么不可以用别人的优势呢？微软的总裁、思科的CEO 和我聊天的时候，他们都说害怕华为站起来，举起世界的旗帜反垄断。我跟他们说我才不反垄断，我左手打着微软的伞，右手打着思科的伞，你们卖高价，我只要卖低一点，也能赚大把的钱。我为什么一定要把伞拿掉，让太阳晒在我脑袋上？脑袋上流的汗，把地上的小草都滋润起来，而小草用低价格和我竞争，打得我头破血流？"

"我们现在做终端操作系统是出于战略的考虑，如果他们突然断了我们的粮食，Android 系统不让用了，Windows Phone 8 系统也不让用了，我们是不是就傻了？同样地，我们在做高端芯片的时候，我并没有反对你们买美国的高端芯片。我认为你们要尽可能地用美国的高端芯片，好好地理解它。当美国不卖给我们的时候，虽然我们的东西稍微差一点，也能凑合用上去。"

"我们不能有狭隘的自豪感，这种自豪感会害死我们。我们的目的就是要赚钱，是要拿下上甘岭；拿不下上甘岭，拿下华尔街也行。我们不要狭隘，我们做操作系统，与做高端芯片是一样的道理，主要是让别人允许我们用，而不是断了我们的粮食；断了我们粮食的时候，备份系统要能用得上。"

众所周知，华为之所以能从当年三十门、四十门模拟交换机的代理商走到今天，是因为华为人拥有将军的长远眼光，否则华为就不能走到今天。在这个过渡时期，华为呼唤更多有战略眼光的人走到管理岗位上来。

对此，任正非在内部会上坦言："我们看问题要长远，我们今天就是来'赌博'，赌博就是战略眼光。华为现在做终端操作系统是出于战略的考虑……"

"我们今天的创造发明不是以自力更生为基础的，我们是一个开放的体系，向全世界开放。作为一个开放的体系，我们还是要用供应商的芯片，主要还是和供应商合作，甚至优先使用他们的芯片。我们的高端芯片主要是容灾用。低端芯片哪个用哪个不用，这是一个重大的策略问题，我建议大家要好好商量和研究。如果我们不用供应商的系统，就可能为华为建立了一个封闭的系统，封闭系统必然要能量耗尽、要死亡！"

正是因为任正非坚持开放战略，华为才得以快速发展，其成果非常显著。不论是1976年诺贝尔经济学奖获得者米尔顿·弗里德曼（Milton Friedman）提出的"地球是平的"，还是当下的互联网思维，它们的共同特性都是开放、合作才能实现共赢。

在这样的背景下，华为的生存和发展也不例外，只有坚持开放、合作才能赢得客户的认可。一味地挤压合作伙伴来获得发展的路径，被任正非称为"黑寡妇"蜘蛛。

众所周知，"黑寡妇"蜘蛛可能是世界上声名最盛的毒蜘蛛了，其声名远扬并不是因为"黑寡妇"蜘蛛的毒性，只是因为"黑寡妇"蜘蛛在交配过程中会慢慢吃掉配偶，将其作为自己孵化小蜘蛛的营养。因此，民间才把这种毒蜘蛛取名为"黑寡妇"。

公开资料显示，"黑寡妇"蜘蛛的身体为黑色，腹部有红色的沙漏状图案，雄蜘蛛的腹部有红色斑点，身长为2~8厘米，这是其标志性特征。

事实上，由于"黑寡妇"蜘蛛的颜色和花纹多种多样，因此颜色和花纹并不是"黑寡妇"蜘蛛之间的唯一区别。我们可以从猎食方法、外形特征、网的编织、卵包的形状、躲避场所、体型大小、交配方式等不同角度来区分。有的生物学家从毒性方面来区分雌雄，因为成体雄性是没有毒腺的。

当然，由于“黑寡妇”蜘蛛的毒性目前还没有规范的等级，无论它属于哪一等级，在人类被雌性“黑寡妇”蜘蛛叮咬后，人类死亡的风险只有百分之五。不过，一旦人类被肯尼亚“白寡妇”或者花背“红寡妇”（被认为是毒性最低的品种）蜘蛛叮咬，依然无法忍受其剧痛。

究其原因，就算是被“黑寡妇”蜘蛛轻微地叮咬，其毒性也将直接影响到中枢神经系统和肌肉组织。一个被“黑寡妇”蜘蛛叮咬过的受害者将立即感到剧烈疼痛，这是因为“黑寡妇”蜘蛛的毒素直接刺激受害者“过度敏感”的中枢神经系统，并带来一些令人不愉快的副反应。①

任正非以“黑寡妇”蜘蛛来比喻在企业的发展中，有的经营者一味地挤压合作者的利润来获得发展，结果合作者被吃掉。为此，在2010年PSST体系干部大会上，任正非用“以客户为中心，加大平台投入，开放合作，实现共赢”为题来强化开放、合作、实现共赢的新思维。

任正非说：“在最近的人力资源管理纲要研讨会上，我讲了要深刻理解客户，深刻理解供应伙伴，深刻理解竞争对手，深刻理解部门之间的相互关系，深刻理解人与人之间的关系，懂得开放、妥协、灰度。我认为任何强者都是在均衡中产生的。我们可以强大到不能再强大，但如果一个朋友都没有，我们能维持下去吗？显然，不能！我们为什么要打倒别人，独自来称霸世界呢？想把别人消灭、独霸世界的成吉思汗和希特勒，最后都灭亡了。如果华为想独霸世界，最终也是要灭亡的。我们为什么不把大家团结起来，与强手合作呢？我们不要有狭隘的观点，想着去消灭谁。我们与强者既要有竞争，也要有合作，只要有益于我们就行了。”

在任正非看来，开放、合作、实现共赢才是企业经营的终极哲学。华为日渐壮大之后，无疑会遭到行业的批评。为了维护业界的生态，任正非鲜明地做出指示：“华为跟别人合作，不能做‘黑寡妇’。‘黑寡妇’是拉丁美洲的一种

---

① 百度贴吧.黑寡妇科普，2016. http://tieba.baidu.com/p/2877038579.

蜘蛛，这种蜘蛛在交配后，母蜘蛛就会吃掉公蜘蛛，作为自己孵化小蜘蛛的营养。以前华为跟别的公司合作，一两年后，华为就把这些公司吃了或甩了。我们已经够强大了，内心要开放一些、谦虚一点，看问题再深刻一些。不能小肚鸡肠，否则就是楚霸王了。我们一定要寻找更好的合作模式，实现共赢。研发是比较开放的，但要更加开放，对内、对外都要开放。想一想我们走到今天多么不容易，我们要更多地吸收外界不同的思维方式，不停地碰撞，不要狭隘。”

在这样的战略下，华为与各大厂商合作。2015年年底，华为战略投资暴风科技，持股3.89%，由此华为成为其第五大股东。当然，这种战略联合的优势在于，当各大厂商都把VR硬件生产作为自己的核心业务时，这样的竞争无疑最为激烈。

华为战略投资暴风科技，并不是有意与暴风科技联合生产VR硬件，而是意在暴风科技拥有的海量视频资源和强大的VR视频内容生产力。这才是华为投资暴风科技的最深层次原因。

2015年年底，华为与华策影视签订《战略合作协议》。在该协议签订后，北京大学文化产业研究院副院长陈少峰肯定了合作共赢的观点："双方合作是内容与终端的合作。华策影视与华为的合作，有利于双方实现资源共享、优势互补以及战略布局。华为与华策影视等结缘，显然也是意在增强虚拟现实内容生产，提升华为全产业链的接入能力。"

在与其他VR企业的战略合作上，华为的步子还是迈得比较大的。2016年年初，华为联合优酷共同推出了"4K联合实验室"。这样的战略举动无疑是在宣示，华为与中国又一视频内容生产巨头开展战略合作，这为华为后续的VR内容制作打下了坚实的基础。

2016年5月10日，优酷视频SVP李杰现身华为荣耀V8发布会，李杰高调宣布：优酷将在未来一年内，向华为VR提供专属App和超过一万部的VR视频内容，实现按月更新，并且每两周为华为用户提供专属的定制内容。

在该发布会上，优酷还直播了华为荣耀V8发布会，见图6-7。这样的战略合作无疑使得华为在VR领域的拓展更为稳健、更为可取。

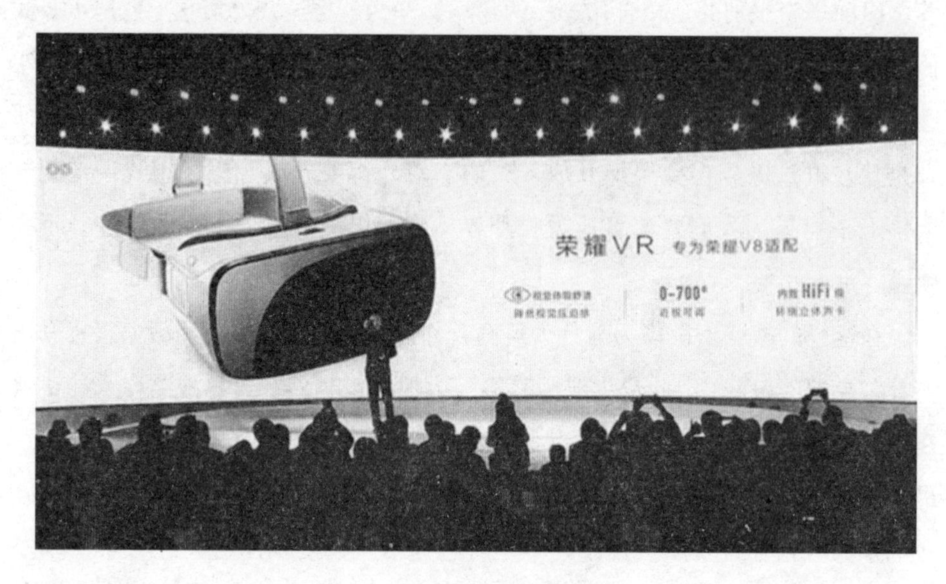

图 6-7　优酷直播华为荣耀 V8 发布会

VR

第七章

VR 经济究竟能走多远？

01

与 30 年前相比，当下的 VR 产业更加乐观

随着虚拟现实被脸谱开发者大会定义为改变未来的三大技术之一，虚拟现实以一种王者归来的姿态重回前台，撬动了下一轮的技术浪潮。

对于当下虚拟现实的回潮，被誉为“VR之父”的美国VPL公司创始人杰伦·拉尼尔在接受媒体采访时表示持乐观态度，他认为：目前，VR技术突破的时机已近成熟。即便这仍是一个不确定的未来，因为VR既有3D、全息等悄无声息的先驱，又有大数据、人工智能等在资本层面的竞争对手，通过这样的态势也足以预见，与30年前相比，当下的VR产业更加乐观。

硬件技术积累有益于 VR 产业的良性循环

随着VR硬件技术的积累，VR小型化、轻便化已变成现实。众所周知，在

人类历史上，第一部移动电话诞生在1983年。该电话的重量高达两磅（0.8公斤），摩托罗拉为此耗费了10余年的研发时间。

如今的智能手机已在功能、续航、便捷性等方面做了优化，与30年前的产品不可同日而语。这样的变化同样适用于VR设备。

回顾VR发展史，20世纪80年代杰伦·拉尼尔打造的VPL为VR头盔推出了配套的追踪手套，从而极大地提升了人机交互的体验。

按照当时较为出名的VR产品——Atari VR所公布的参数，该设备拥有20度的视野宽度和30Hz的刷新频率。当下流行的VR眼镜与这样的设备相比，简直是天壤之别。即便是任天堂在1995年推出的Virtual Boy，也只是搭配了一个32位20MHz的处理器、384 × 224 分辨率的显示屏以及高达750克的重量。

如果这样的设备按照当下的产品标准来定义，则其处理器的延时问题简直让人难以忍受，而且分辨率和可视角度也是糟糕至极。不仅如此，该设备的重量对于用户的头颈部是一个极大的负担。

随着VR技术的完善，2012年Oculus Rift登陆Kickstarter进行众筹，首轮融资就达到了惊人的1 600万美元。两年后，脸谱斥资20亿美元并购Oculus，再加上HTC、索尼等科技公司的投资，致使VR的第三次浪潮越发汹涌。图7-1展示了HTC公司推出的HTC Vive消费者版。

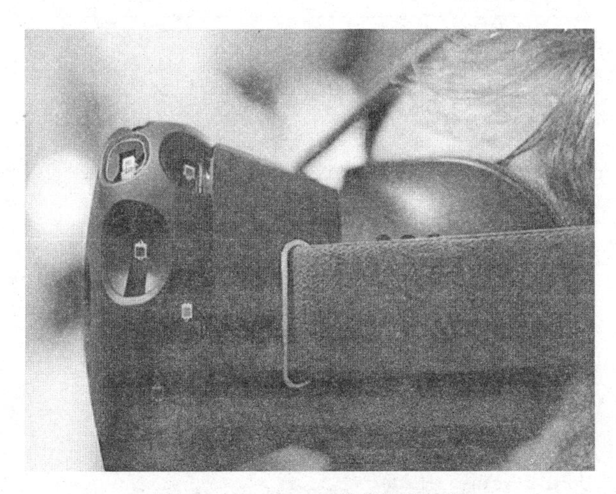

图 7-1　HTC Vive 消费者版实拍图

公开数据显示，HTC Vive消费者版拥有1 200×1 080的分辨率、90fps的刷新率、20余款交互传感器等，其具体参数见表7-1。

表 7-1 HTC Vive 消费者版的参数

主要规格	外接式头戴设备
分辨率	单眼：1 200×1 080
刷新率	90fps
主要性能	位置追踪的游戏控制器，Steambox主机，内置陀螺仪、加速度计和激光定位传感器，追踪精度0.1度，提供了新的Vive Phone Services功能，可以接听 / 回拨电话、传讯息与看行事历
其他规格	追踪位置：4.5×4.5m
附件	体感控制器 x2

Virtual Boy的具体参数见表7-2。

表 7-2 Virtual Boy 硬件参数

处理器	NEC V810（P/N uPD70732） 32bit RISC 处理器 @ 20 MHz（18 MIPS） 1 MB DRAM 以及 512 KB PSRAM（Pseudo-SRAM） 1 KB 缓存
显示（× 2）	RTI SLA（P4） 384 × 224 分辨率 50.2 Hz 垂直刷新率
电源	6 AA 电池（9 VDC） 或者变压器（10 VDC）
声音	16bit 立体声
控制器	6 键 2 D pads 使用NES 控制器协议
串行端口	8 针口
硬件部件数	VUE-001 Virtual Boy Unit VUE-003 Stand VUE-005 Controller VUE-006 Game Pak VUE-007 Battery Pack VUE-010 Eyeshade VUE-011 AC Adapter VUE-012 Eyeshade Holder VUE-014 Red & Black Stereo Headphones

重量	750 克
规格	8.5" H × 10" W × 4.3" D

从这组数据不难看出，现在的VR设备不论是在处理技术、显示技术、传感技术、材料等基础技术方面，还是在设计方面，与20世纪80年代的VR设备相比，都有了质的改变。

在目前的VR核心技术中，对捕捉、重现、反馈、合成、感知这五大技术的积累完全可以满足听觉和视觉的需要。与30年前相比，从VR眼镜到一体机，再到PC类设备，相应的产品种类、易用性和售价早已符合了在消费级市场上爆发的条件。这样的变化无疑说明，VR已进入黄金时代。

更多场景提升 VR 内容品质

在20世纪80年代，黑白电视占据了中国大多数家庭的客厅，即使是美国这样的发达国家，也同样处于显像管成像的时代。在这样的大背景下，硬件的局限性自然而然地束缚了研究者对VR应用场景的想象空间。

不过，这样的条件并没有阻挡研究者对VR的热情，甚至还引发了VR产业的爆发。

纵观VR发展史，美国国家航空航天局最早使用了VR应用场景技术，当时是为了帮助宇航员增强在太空工作的临场感。

当然，这样的初衷显然不足以打动用户。在游戏和娱乐与VR结合后，尽管VR产业在20世纪90年代才展现出繁荣的迹象，但此刻的VR产业已经真正地迎来了春天。1992年，VR电影《割草者》（*The Lawnmower Man*）让VR在大众市场中的普及达到了一个顶点，并直接促进了街机游戏VR的短暂繁荣。

此后，电影《披露》《捍卫机密》《X档案》《睁开你的双眼》《少数派报告》

等都或多或少带有VR的桥段。遗憾的是，真正的VR电影和VR游戏几近于无。

如今，当我们回顾VR的发展时，视频、游戏、图片、广告等已成为VR内容的主流，虽然高品质的VR电影需要一些时日，但有不少的好莱坞大片乐意附加一个VR版本的电影宣传片。

针对拓展VR市场的科技企业进行分析，其中既有以Oculus为代表的创业者，也有以HTC为代表的手机厂商和索尼等游戏厂商，以及不为人关注的硬件设备生产商，比如为Oculus提供镜头的歌尔声学、涉及眼球追踪技术的欧菲光等。

这些科技企业的加入，一方面使得VR技术彻底走出实验室，成为一个被商业化的市场；另一方面，内容创业者看到了信心，各类工作室和影视公司跃跃欲试，无疑将加速VR内容的发展和繁荣。

不仅如此，VR技术在近30年的沉寂期中，不只是进行理论的完善和技术的酝酿，研究者对于VR的认识已经从下一代显示设备转向新一代计算平台，即VR有可能成为继PC、手机后的又一代计算平台。因此，我们就不难理解一些科技巨头如此看重并积极拓展VR领域、进行平台式布局的原因。

当然，如果VR能成为新一代计算平台，也意味着拥有更丰富的应用场景，诸如医疗、教育、健康、旅游、社交等都可能被VR+所颠覆，这些恰是上一个VR元年不曾提到的，也是现阶段智能手机所追逐的。

02
VR 企业冰火两重天

在VR市场逆势爆发的当下，创业公司和投资者纷纷涉足不同VR产业链的各种产品领域。在这股风潮下，VR行业俨然已成为当下发展的一种趋势。

的确，随着脸谱、谷歌和三星等科技巨头纷纷涉足VR，中国互联网企业巨头——百度、阿里巴巴、腾讯等也开始加紧运作。早在2015年12月，百度就开始尝试VR影视内容，并在近期进行了VR生态激励计划。前不久，百度携手Okaa发布了VR全景相机。

与百度的稳健相比，阿里巴巴在VR领域的拓展更为积极。在阿里巴巴的VR布局中，创建了一个叫Buy+的计划，旨在将淘宝的业务布局到虚拟世界中，并且建立了一个代号为GM Lab的虚拟实验室。

这样的趋势足以说明，当前VR的火爆趋势推动了更多中国创业者的涌入，不只是百度、阿里巴巴、腾讯等巨头的 VR布局，同时也激发了大批VR创业公司纷纷加入战局，使得中国的VR产业越燃越旺。

当然，VR作为全球科技圈最热门的新技术、新领域，同时也是一个全新的消费领域，当之无愧地成了创新的主角，自然也受到了各方资本的热捧。这正好给中国火爆的VR市场增加了一把柴火。

VR 领域的巨头将诞生在中国

2016年，对于VR产业链上各环节的经营者来说，终于迎来了“更喜岷山千里雪，三军过后尽开颜”的喜人时刻。不仅如此，一场新旧产业更迭大戏的幕布早已在全球拉开。

2016年，作为中国首富的王健林放出豪言，让迪士尼在中国内地20年不能盈利，把两万亿元的海外消费拉回来。

当然，王健林敢于向迪士尼亮剑，是因为万达影院宣布，未来两到三年将在中国影院推出100个VR体验区，还将开启VR看房业务。

当王健林积极拓展VR业务时，阿里巴巴的创始人马云也不甘落后，通过开启“造物神”计划来建立全球最大的3D商品库。

身为王永庆女儿的HTC创始人王雪红也高调宣布，将斥资1亿美元培植VR产业和生态企业发展。尽管在2016年8月初披露的最新财报显示，HTC已连续亏损了五个季度，但它并没有影响王雪红对VR的热情。

不仅如此，软银以320亿美元的价格并购了ARM，并在2016年6月披露，软银已为VR市场开发了全新的架构；三星斥巨资抢到了里约奥运会的VR独家直播权；谷歌发布了针对VR设备的平台Daydream……

这组数据显示，这些行业巨头对VR进行重大战略布局都不约而同地发生在2016年初至2016年9月的9个月时间里。这组数据也说明，到目前为止，传统企业对VR的共识是，VR有潜力成为“下一个重大通用计算平台”。

当然，有着这样洞察力的企业家必然要提及脸谱的创始人马克·扎克伯格，2014年脸谱豪掷20亿美元并购了Oculus。

可能读者不知道的是，帕尔默·勒基是一个典型的“90后”，当初辍学创办的脸谱，其员工不到80人，是一个没有任何正式产品的小公司。

当然，在互联网时代，这种“一夜暴富”的神话在互联网创业企业里常见。然而，时至今日，当大量资本放弃了O2O等领域而涌向VR领域时，这样的趋势非常有利于VR产业的发展。对此，IDEALENS联席CEO刘天成在接受《经济观察报》采访时说道：“资本和巨头抢食VR领域，有利于整个行业的快速发展，这是创业型企业身上难有的优势。”

事实上，在硬件技术难以突破、内容缺乏、统一平台尚未诞生等诸多痛点下，大量资本的进入，使得VR领域得以良性循环。对此，赛欧必弗的CEO赵宁认为：目前的中国VR企业大致处于一条水平线上，都在寻求下一轮的突破，包括在硬件、内容和平台等领域都在逐渐探索适合自己的体系，但在硬件技术水平上与世界三大VR厂商Oculus、HTC、SONY仍有较大差距。①

尽管如此，在与跨国巨头竞争的过程中，中国VR企业却拥有本土优势和国家信息产业基础的后盾。VR产业在国家政策的引导下，正在发生一些新变化，比如有的企业着手技术研发创新，有的企业着手上下游产业链延伸，而更多的企业擅长与资本共舞，试图突破各种局限和难题。②

在这样的背景下，在一个可以取代智能手机的VR时代里，让VR领域的巨头诞生在中国也就不足为奇了。

决心将是涉足 VR 战略成败的关键

对于VR企业来说，VR犹如一个非常有吸引力的风景地，但要体验到这一美景，必然要经历千辛万苦。美国诗人弗罗斯特在《未选择的路》中写道：“黄色的树林里分出两条路，可惜我不能同时去涉足，我在那路口久久伫立，我向

---

①② 冯庆艳. VR火爆：下一个摩托罗拉或苹果能否诞生在中国？. 经济观察报，2016-09-03.

着一条路极目望去，直到它消失在丛林深处。但我却选择了另外一条路，它荒草萋萋，十分幽静，显得更诱人、更美丽。虽然在这两条小路上，都很少留下旅人的足迹，虽然那天清晨落叶满地，两条路都未经脚印污染。呵，留下一条路等改日再见！但我知道路径延绵无尽头，恐怕我难以再返。”

这样的决策同样适用于传统企业。2015年年底，当锤子科技创始人罗永浩开始招兵买马拓展VR领域时，媒体和研究者都发出“为时晚矣”的叹息。

当然，我并不认可这样的观点。尽管大的商业时机很重要，但决心将是决定传统企业经营者涉足VR战略成败的关键。

例如，在抗美援朝的上甘岭战役中，正是因为我方下定了必胜的决心，才能在人员和装备均处于弱势的情况下，最终取得了该战役的胜利。

回顾VR的发展历程不难看出，在谷歌的VR战略中，曾推出低成本的Cardboard设备配手机，其后果断叫停了高端VR设备的研发和配置。这就是决策者的决心。

VR领域创业者：一半是海水，一半是火焰

在不确定的商业变革中，传统领域的创业者自然无法理解VR领域的创业者面临的是何种瞬息万变的商业格局。很多刚成立了几年的公司，甚至已经历过多次战略转型。

为此，蚁视科技创始人覃政说道：“如今的VR正处于手机的大哥大时代，属于非常不稳定的增长期。”

据覃政介绍，蚁视科技成立于2013年，位于北京中关村软件园二期。蚁视科技创始人覃政身上有着个性化的创业者烙印——辍学、创业、痴迷新技术、大胆善冒险……不过，值得欣慰的是，覃政是一个时代的幸运儿，不仅获得了B轮融资，而且与蚁视科技合作的企业都是手机和PC巨头，如联想、华硕、海信、酷派、一加等。

当然，这样的开局赶上了VR的班车。市场研究机构IDC发布的最新报告预测：到2020年，全球增强现实（AR）和虚拟现实（VR）市场营业收入将从当前的52亿美元（300多亿元人民币规模）扩张至1 620亿美元（超万亿元人民币规模）。

这就意味着在未来5年的时间里，全球AR/VR市场的年增长率将近两倍。在调查研究的过程中，我们发现：在繁荣的背后，创业企业的生存状态并不是那么欣欣向荣。新浪前联席总裁兼CTO许良杰对外界公布的一组数据让研究者颇为震惊：2014年，中国共有200多家企业做VR头盔，仅仅过了1年，即到了2015年，做VR头盔的企业只剩下了60多家。

这组数据表明，中国VR头盔企业超过七成要么是倒闭，要么就是转型做其他了。许良杰坦言："在2016年，如果没有技术上的突破，还会有一大批VR头盔公司倒闭。"

2016年，世界三大VR厂商Oculus、HTC、SONY陆续推出了PC端头盔产品，虽然这些产品的沉浸感较好、体验较好，但其高昂的价格让用户望而止步。

对此，在IDEALENS联席CEO刘天成看来，VR硬件包括PC端头盔、移动端眼镜以及可独立操作的VR一体机（指整合了显示屏、计算芯片、电池等模块的移动VR头盔），每个路径有着其独特的优劣势，到底哪一个会成为未来的趋势，目前仍是未知数。①

据刘天成介绍，IDEALENS创立于2014年，目前的着力点还是VR一体机，至今已经更新换代了两次。与国外不同的是，中国VR企业更倾向于推出VR一体机产品，如IDEALENS、3Glasses、大朋VR、焰火工坊、暴风魔镜等。据不完全统计，约有30家企业公开表示要做VR一体机。而国外除了英特尔推出了VR一体机、三星正筹备有可能命名为"Odyssey"的VR一体机外，包括知名VR厂商Oculus、SONY等都未推出此类产品。

---

① 冯庆艳. VR火爆：下一个摩托罗拉或苹果能否诞生在中国？. 经济观察报，2016-09-03.

面对两个不同的发展趋势，VR一体机是否就代表了未来的VR趋势？IDEALENS联席CEO刘天成认为："存在即合理，一体机的沉浸体验比VR眼镜盒子更好，较PC端VR显示器更加轻便。"

一组数据或在侧面佐证了刘天成的观点。IDC提供的报告数据显示，在移动VR和PC机VR的市场份额中，谷歌推出的成本较低的Cardboard类型的VR占据了大多数市场份额，而PC头盔的比例只有3.8%。在2016年第一季度，移动VR一体机只占0.5%，但从第一季度后，其增长较为迅速。

与IDEALENS着力于VR一体机不同的是，同年创建、同样涉足于此的焰火工坊，更侧重移动端眼镜的研发生产以及由其延伸的上下游产业链。蚁视科技在把体积做小、视场角做大、分辨率提高的核心路径下，采取PC端头盔、机饕（眼镜）和相机等产品多样化的策略。3Glasses不仅有VR的移动解决方案，还有PC端头盔。

这样的发展策略足以表明，中国多数VR硬件企业没有集中在VR硬件领域，而是在多元化策略下并驾齐驱。这样做的优势是能够最大化地降低风险。谷歌披露的信息显示，谷歌高端VR设备研发已经叫停。

此前，谷歌发布了Daydream产品，并将其安装在最新的Android操作系统中，外界对于高端VR设备配合Daydream资源平台充满期待。在Oculus、三星以及HTC等VR设备制造企业逐渐推出价位更高的产品时，谷歌却叫停了该设备的研发。究其原因，还是实现的难度太大。

众所周知，在充满未知风险的VR硬件中进行抉择是相当艰难的，其过程也是备受煎熬的。VR巨头Oculus背靠脸谱这棵资金和研发实力超雄厚的大树，每年的研发费用高达数亿美元。与此相比，中国的VR创业企业显然是捉襟见肘的，难以达到如此巨额的资金投入。

例如，3Glasses的创始人王洁在VR领域深耕了10多年。起初，3Glasses是做三维仿真项目的，2012年才立项做VR头盔。当时，3Glasses的员工只有120人，年营业额为几千万元。在此后的两年间，3Glasses为了研发VR头盔产品，每月都需要支付100多万元的费用，导致员工团队极度萎缩、财务不堪重负，而王洁也负债数百万元。面对困难，王洁想尽办法，度过了困难时期。2017年8月，3Glasses得到了一份价值2.7亿元的订单。因此，不论是国内还是国外企业的VR创业，真正盈利的企业少之又少。以暴风魔镜为例，虽然其VR业务曾给上市公司股价以很好的支撑，但由于其业务亏损对上市公司财务是一个累赘，因而暴风科技CEO冯鑫不得不忍痛将暴风魔镜与暴风科技剥离，将其对暴风魔镜的持股比例降至20%以下。[①]

---

① 冯庆艳.VR火爆：下一个摩托罗拉或苹果能否诞生在中国？. 经济观察报，2016-09-03.

03

资本的态度反映 VR 的商业价值

目前，尽管VR技术不够成熟、其内容也相当匮乏，但这样的问题并没有影响大量资本涌入VR产业的现实。

这样的观点得到了北京某科技公司董事长的证实。该董事长介绍；其公司主要从事与大学教育相关的业务。在VR概念被炒热后，有一家投资公司投资5 000万元，要求该公司“迅速扩大规模”，并覆盖至中小学。面对大量资本的介入，该董事长说:“我们的能力有限，但投资者不愿听实话，反而觉得公司太保守。”

这样的案例足以说明，资本市场的热点仍在VR产业。易观智库发布的《中国虚拟现实行业应用专题研究报告2016》显示，中国与VR内容相关的投融资金额从2014年的3 500万元激增至2015年的2.4亿元。

和君资本VR产业基金高级投资总监胡卓桓在接受媒体采访时介绍：“现在市场上有约1 500家VR相关创业公司，能够盈利、有现金流的公司很少，真正盈利不错的不超过20家。”

尽管如此，资本市场对VR市场的投资热潮依然很难改变。掌趣科技CEO胡斌分析说:“资本市场看好VR在于其发展前景,但目前谈盈利还为时尚早,当企业度过不停烧钱的阶段,做到市场份额够大、毛利够高的时候,才有可能赚钱。”

资本的态度与 VR 的商业价值

众所周知,美国硅谷的繁荣离不开资本的孕育,甚至与其活跃程度都存在很大关系。比如当年苹果创始人史蒂夫·乔布斯创业时,风险投资者才刚刚崛起。

此刻的中国还在改革开放的初始期,计划经济主导着中国的国家战略,更别谈风险投资,甚至连风险投资的概念都没有。

经过改革开放近40年的发展,风险投资、众筹、天使投资、股权投资等多种融资模式在中国已经相当普遍,海量资金的涌入无疑会影响VR的产业风向。

在20世纪80年代,除了技术和内容外,VR的繁荣更多是靠那些有着军方背景的研究院,即使像任天堂、Hasbro、世嘉等这样的巨头也都是为了特定目的而把VR作为研究的方向。当然,热衷于VR研究的拉尼尔等创业者之所以能够被载入史册,是因为美国成熟的资本市场以及资本市场对VR非常看好的态度。

有些创投市场看衰VR产业,其依据是VR公司Magic Leap 7.94亿美元的C轮融资和2016年7 200万美元的D轮融资。这样的例证只是个例。

不可否认的是,资本市场的态度决定了VR产业的走向。FellowData提供的数据显示,自2014年脸谱以20亿美元并购Oculus后,无论是融资数量还是融资额度都在逐年上升。这样的数据足以说明,VR市场的融资频率和数额增长已是不争的事实。

当然,有些创投不看好VR市场,主要还是因为VR的现状——“廉价的VR眼镜充斥市场,VR内容多粗制滥造,而眩晕感、延时等仍然影响着用户体验”。

或许,这就是资本市场不看好VR产业的外在因素。不过,这些问题并没有影响资本市场对VR的重视,甚至一些风险投资者还看到了其中更大的商业价值。

比如暴风魔镜、乐相科技、兰亭数字等公司，在VR技术和内容都不具备优势的背景下，依然能够脱颖而出，足见当下资本市场的真实和趋利态度，这样的态势恰恰是非常有利于VR产业的发展和壮大的。

与资本共舞

根据易观国际Enfodesk的预测：2016年，VR在中国的营业收入将暴涨372.2%，达到8.5亿元。资料表明，2015年中国有关VR技术的硬件、软件、内容和其他设备的收入达到了1.8亿元，相比2014年增长了近四倍，但此增长幅度尚未达到顶峰。

更挑动中国VR创业者神经的是，脸谱以20亿美元并购Oculus，缔造了中国VR企业可模仿的创业“神话”：Oculus创始人，90后、辍学、创业、受资本追捧、一夜暴富……

当然，尽管这样的神话可以复制，但将2016年作为VR产业的元年，并不意味着此前VR的发展轨迹不够长。

下面回顾VR的发展轨迹。在20世纪60年代，依凡·萨瑟兰（Ivan Sutherland）发表了一篇名为《终极的现实》的论文，描述了VR技术的可行性和通用性。

20世纪80年代，美国VPL公司创始人拉尼尔提出VR概念。20世纪90年代，任天堂推出民用的VR设备，但由于技术不成熟，其产品遭到冷遇。2014年，脸谱以20亿美元并购Oculus的事件，让资本和大众对VR产生了浓厚兴趣，掀起了新一波VR热潮。

对此，马克·扎克伯格称：“总有一天，沉浸式虚拟现实将成为数十亿人日常生活的一部分。”

在马克·扎克伯格的号角声中，中国VR创业者似乎是被打了鸡血一般，在技术难题与资本热捧中踌躇前行。当然，他们从来没有怀疑过此话的真实性，凭借本土消费群体的庞大以及雄厚的信息产业基础，他们正从技术创新、上下游延伸以及与资本共舞等各种角度，寻找着各自生存的空间，同时努力把自己打造成VR领域的标杆。

当资本如潮水般涌入时，一个值得关注的现象是，作为国际科技巨头的脸谱、谷歌、英特尔、三星，以BAT为首的中国互联网企业，以及华为、中兴、联想、华硕等手机和PC企业，都在陆续通过自建或投资来获得VR市场的入场券。

一般来说，资本的投资风向往往折射出某个行业的发展趋势，VR也一样。此前，创业企业大多集中在硬件领域的设计和研发上，然而2016年后，这种情况开始有了大幅改变。

投中研究院的不完全统计数据显示，从VR行业投资案例的数量上说，2015年硬件设备方面的投资占比为53%，2016年上半年降至29%，2015年内容制作方面的投资占比为36%，分发平台方面的投资占比为11%，2016年上半年内容制作和分发平台方面的投资占比分别上升至50%和21%。

不仅如此，伴随中国企业“走出去”的战略，大量资本也一起走向世界，不少资本巨头将目光瞄准了国外。资料显示，2016年第一季度全球共在VR/AR领域投资17亿美元，其中近10亿美元来自中国。在这10亿美元中，有超过一半的资金流向了国外的VR/AR公司。

另一则利好消息是，2016年年初中国电子技术标准化研究院发布了《虚拟现实产业发展白皮书5.0》，该文指出了VR发展所面临的瓶颈与问题，在这背后将是加快制定产业发展路线图，建立和完善相关标准体系的行业环境，助力VR行业的健康发展。

04

VR 经济究竟能走多远?

VR火了，火遍中外的资本市场。自2015年开始，在国内外，特别是中国迅速掀起了一股投资VR产业的热潮，似乎在刹那间，中国的VR市场呈现出一派热火朝天的景象，让世界羡慕嫉妒恨。中国VR行业的会议、论坛与日俱增，娱乐、影视、游戏、旅游、体育等各个行业也纷纷涉足VR领域。

作为中国最早布局VR领域的企业，暴风魔镜对VR的理解更为到位。2016年8月，暴风魔镜CEO黄晓杰接受媒体采访时称，中国VR市场已经进入VR 2.0。

可能读者会问，黄晓杰是如何定义VR 2.0的？黄晓杰认为，VR 2.0必须满足四个关键词（见图7-2）："第一个关键词是移动性，未来必须是移动VR体验。第二个关键词是交互性，就像我们提到的眼睛、身体和手的交互。第三个关键词是体验升级，需要从以前比较简单的状态提升为一个体验越来越好、没有眩晕感、颗粒感越来越低的状态。第四个关键词是内容升级，从当今的简单粗糙升级为精品。"

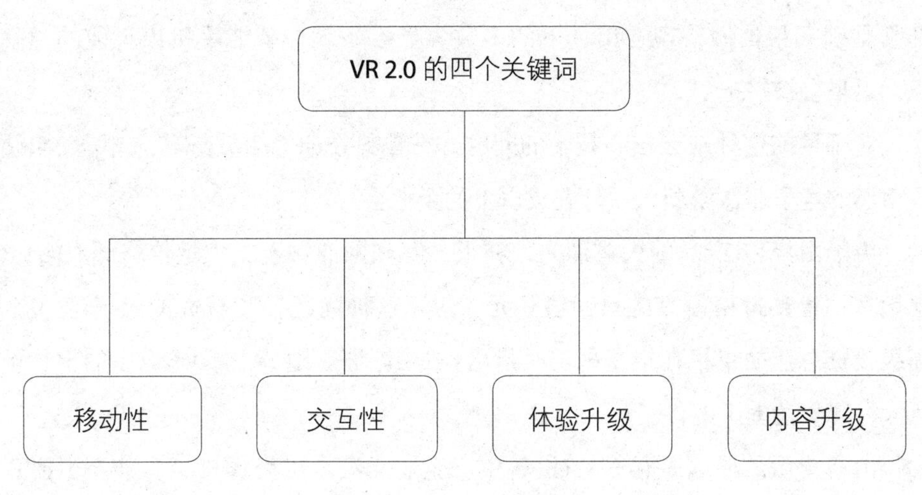

图 7-2　VR 2.0 的四个关键词

当然，要想满足这四个关键词，必须有很好的产业链协同。这就是黄晓杰所倡导的，VR行业的未来发展需要众多产业联盟的共同努力，这样才能将市场做大。黄晓杰说道：“其实，行业的推动需要产业链公司、资本和行业从业者共同努力。目前，很多屏厂还不能生产OLED屏，很多芯片还没有真正支持VR。其实，作为行业领先的推动者，无论是高通也好，魔镜也好，还是屏厂也好，像这样的代表应该形成联盟来推动行业发展，而且最终的核心是要带来销量。只要带来销量，自然上游的厂商就开始提供支持，所以产业链合作本身是一个不断循环放大的过程。”[①]

中国多数生产 VR 硬件的企业没有核心技术

公开资料显示，目前中国已有超过百家生产VR设备的公司，但由于缺乏核心技术、山寨现象特别严重，已经影响到中国VR行业的发展。

对此，学者撰文称：“中国多数生产VR硬件的企业没有核心技术，从内到

① 叶丹. 暴风魔镜黄晓杰：VR2.0时代已经到来. 南方日报，2016-06-02.

外都是别人帮忙做，现在市场上的多数头显设备就像智能手机出现前的山寨机，迟早会被挤掉。”

对于目前这种缺乏核心技术的问题，掌趣科技CEO胡斌断言：“由于VR硬件市场的竞争非常激烈，预计九成以上的企业会死。”

由于山寨VR产品的大量涌入，在很多互联网商城上，大量价格低廉的VR眼镜在销售，价格便宜的只销售几元。对于这种问题，和君资本VR产业基金高级投资总监胡卓桓在接受采访时指出：“在深圳等地，山寨VR设备的出货量巨大，每年达上千万件。”

山寨背后的原因是很多VR设备生产企业无法拿出巨额资金，甚至不愿意投入研发。掌趣科技CEO胡斌介绍说：“Oculus每年用于研发的费用高达数亿美元，中国初创公司很难达到这一水平。”因此，高昂的硬件研发成本让一些中国传统企业望而却步。

这样的现状在几年内难以改变。因此，这就是掌趣科技CEO胡斌预计九成以上VR硬件生产企业会死的根本原因。

内容匮乏导致VR遭遇真正瓶颈

大量事实证明，影响中国VR行业发展的症结并不局限在硬件方面，内容匮乏同样是影响VR发展的瓶颈，甚至是真正的瓶颈。

在手机行业，“软件决定硬件”被视为圭臬。这样的法则同样适用于VR，没有足够的内容驱动，即使再强大的VR设备也难以普及。

我们的团队深入研究时发现，许多VR企业在互联网上销售VR眼镜时，商家几乎都选用性感的美女照片作为该VR设备销售的广告图片。

从这个角度来分析，中国VR行业缺乏内容。学者为了了解VR的现状，特地体验了几款VR产品，如过山车虚拟场景里的蓝天、白云、绿地等画面就像儿童描出的水彩画，颜色、形状都极其夸张。虽然是360度全景呈现，却很难让人有沉浸感；虽然枪战游戏的场景相对真实，但故事情节单一。[①]

经过深入研究，我们的团队发现：制作难度大是导致VR内容匮乏的一个主要原因。易观分析师赵子明在接受媒体采访时坦言："由于硬件标准不统一，内容提供者很难对多个标准一一适配；再者就是并非所有的形式都适合延伸至VR技术。例如，如果影视作品中出现较为冗长的镜头，VR这种呈现形式会使用户分心。"

VR 离普及还有多远?

综上所述，由于硬件缺乏核心技术、内容又缺乏，那么VR离普及还有多远？这样的问题对于VR业者来说是仁者见仁、智者见智的。

虽然VR存在自身的问题，但对于资本来说，仍然看好VR的商业前景。马克·扎克伯格在接受商业内幕（Business Insider）网站采访时说道："我觉得至少需要10年。"

在马克·扎克伯格看来，VR的大规模普及也是大势所趋，但VR技术的市场化仍有很长的一段路要走。

不过，掌趣科技CEO胡斌并不赞同马克·扎克伯格的观点。胡斌的观点是，VR的大规模普及不需要10年这么久的时间，特别是在手机VR的普及中，其时间"长则几年，短则一两年"。掌趣科技CEO胡斌说道："4K屏实现大规模商业化时，手机VR可能会迅速普及。"

国信证券在报告中分析称：2016年年底，VR行业将在游戏市场的带动下迎来一小波爆发，并在5年内迎来高速发展期。2018年或将成为一个重要的分水岭，产业链中的内容环节加速成长，并开始成为虚拟现实产业链中最具价值的

① 邱宇.VR产品山寨严重:美色内容泛滥　九成硬件商会死？. 中国新闻网，2016-08-09.

环节。[①]

掌趣科技CEO胡斌赞同这样的观点："毫无疑问，VR是一个巨大的市场，大方向是没错的，普及只是时间问题。"

① 邱宇.VR产品山寨严重:美色内容泛滥 九成硬件商会死?.中国新闻网，2016-08-09.

VR

第八章

传统企业的 VR+ 机会

01
VR+ 旅游

如前所述，在VR+传统企业的当下，VR已成为名副其实的下一代互联网和计算平台。在这样的大背景下，VR+旅游的商业价值被传统企业经营者激发出来，甚至格外令人憧憬。

自2006年以来，不少传统企业纷纷涉足VR产业。无论是传统的旅游企业，还是相关技术的资源方，甚至是看好市场的资本方，都寄望在VR+旅游产业上分一杯羹。

这样的风向无疑使VR+旅游衍生出了新的商业模式，这不仅是在中国市场上由资本创造出来的风口，同时用户还可以得到零距离的极致体验，这些都成为当下热门的话题。

VR 技术将与智慧旅游深度结合

对于中国旅游业来说，2015年12月16日是一个值得关注的日子，习近平主席在第二届世界互联网大会的开幕演讲中就谈到了“旅游”。

> 我曾在浙江工作多年，多次来过乌镇。今天再次来到这里，既感到亲切熟悉，又感到耳目一新。去年（2015年），首届世界互联网大会在这里举办，推动了网络创客、网上医院、智慧旅游等快速发展，让这个白墙黛瓦的千年古镇焕发出新的魅力。乌镇的网络化、智慧化，是传统和现代、人文和科技融合发展的生动写照，是中国互联网创新发展的一个缩影，也生动体现了全球互联网共享发展的理念。
>
> 纵观世界文明史，人类先后经历了农业革命、工业革命、信息革命。每一次产业技术革命，都给人类生产生活带来巨大而深刻的影响。现在，以互联网为代表的信息技术日新月异，引领了社会生产新变革，创造了人类生活新空间，拓展了国家治理新领域，极大提高了人类认识世界、改造世界的能力。互联网让世界变成了“鸡犬之声相闻”的地球村，相隔万里的人们不再“老死不相往来”。可以说，世界因互联网而更多彩，生活因互联网而更丰富。

习近平把智慧旅游的发展作为首届互联网大会的主要成就之一单独提到，足以说明这是一个非常重要的政策信号，即智慧旅游已成为中国重点关注的领域之一。

对此，有研究者指出：结合“互联网+”“VR+”技术，完全可以打造创新的智慧旅游。例如，传统企业可以利用VR技术让用户体验在月球或者火星表面漫步。

在互联网+时代，随着VR技术的完善，VR+旅游成为水到渠成的事情。传统企业需要做的就是在大数据时代，结合“互联网+”“VR+”技术，拓展智慧旅游的发展。

对于目前的很多浅度VR用户来说，经过媒体两年的大篇幅报道，对于VR内容已不算陌生。事实上，“VR+”技术模糊了现实与虚拟的界限，不断地引爆用户的想象。究其原因，用户可以借助于VR头显，以3D交互视频的形式，360度全景式体验到动人心魄的海洋、雨林、山地以及野生动物，用户恍如置身于一个“真实”的广袤天地中，其优美的景色和自然环境令用户叹为观止。

在这样的背景下，VR无疑将成为未来旅行、观光的一个研发方向。通过VR技术，用户不需要亲身旅行就可以探索一些无法企及的旅游目的地；同时，在这个体验的过程中，用户不必舟车劳顿，也没有必要乘坐长途汽车、轮船、飞机等交通工具，还不会出现时差综合征、被昆虫叮咬等问题。用户只需一张舒适的椅子，戴上VR设备就可以享受到一个新的旅行目的地。

基于此，这样的需求催生了一个巨大的商机。为此，掌网科技公司推出了自己的产品——星轮ViuLux VR头盔。该头盔采用大口径非球面光学镜片设计，与市场上绝大多数采用球面光学镜片的VR头盔相比，星轮ViuLux VR头盔的影像更加真实、清晰，配合110度黄金视场角、720度头部传感跟踪技术和九轴传感器的应用，用户就能体验到深度的沉浸感，如同身临其境一般。

在涉及VR+旅游的企业中，掌网科技公司只是其中之一。随着VR+成为当下的风口，VR+旅游将是除游戏之外的一个新蓝海市场。

当前中国正处于火爆发展阶段的VR+产业开始与旅游业相结合，越来越多的资本正在进入。当然，VR技术与智慧旅游的结合，主要体现在两个方面：

（1）旅游体验市场。对于浅度VR用户来说，只要戴上VR眼镜，旅游目的地就在眼前。这无疑是让用户体验想看哪里就看哪里的一种虚拟旅游方式，因而它在VR+时代必然会有很大的市场空间。

（2）虚拟旅游市场。VR技术与眼镜的结合，一方面可以解决语言沟通的障碍，另一方面可以解决“私人导游”的问题，关键是可以根据游客的偏好，借助于大数据避开拥堵，给自己一个愉悦的旅行体验。

因此，掌网科技公司作为中国一个领先的VR企业，要想更好地拓展VR+旅游的新蓝海市场，就必须在技术研发上追求不断地更新换代。不仅如此，掌网科技公司还要加快在虚拟旅游市场的扩张步伐，强化智慧旅游的技术优势。

暴风科技：VR 技术让用户感受“上帝视角”

“春风又绿江南岸”，徐徐的春风吹拂着，春光下的华夏大地早已是山花烂漫。这样的景致很符合此刻的VR+旅游业。

对于暴风科技来说，2016年4月13日是一个值得纪念的日子。因为暴风科技与澳大利亚旅游局举行了战略合作发布会，双方共同宣布：暴风科技与澳大利亚旅游局达成全球范围内的战略合作伙伴关系。

这样的战略合作无疑意味着，作为中国VR产业引领者的暴风科技正在立足中国、向国际化进军的VR+生态战略上迈出关键一步。

当然，在暴风科技与澳大利亚旅游局合作后，暴风科技已经上线有关澳大利亚的风光视频。也就是说，用户可以在暴风平台上体验到澳大利亚（如堪培拉、白天堂海滩、福斯克湾、悉尼海港、大洋路、罗特尼斯岛、凯瑟琳峡谷、林肯港等）的风景，甚至有学者坦言，那将是开启上天入地的“上帝视角”。

在此次战略合作中，暴风科技为澳大利亚旅游局提供了全套的VR技术解决方案：对澳大利亚旅游局的VR视频进行全平台传播，线下暴风为澳大利亚旅游局门店提供VR产品支持，量身定制暴风魔镜4与纸魔镜，让全球用户在选择旅游目的地之前，即可通过官网及门店体验澳大利亚的人文风情、旅游美景等。

暴风科技推出的VR产品——以暴风魔镜4为代表的场景体验产品，将消除旅游业目前的“盲目”状态，让用户的旅游更加理性，凸显优质景区。

据了解，暴风魔镜4的镜头效果相当于10米看470英寸屏幕，可调瞳距、物距，支持4.7英寸～5.5英寸手机，安卓、iOS系统定制，并可实现戴眼镜无差别观看。暴风VR这样的技术不仅可以让用户开启上天入地的“上帝视角”，同时还可以串联用户碎片化的时间。

暴风魔镜在App产品中搭建了澳大利亚旅游局专区的三大模块：视频模块、直播模块、互动模块。

不仅如此，暴风科技还设置了线下公关活动360度全景直播落地专区直播模块。在这个模块中，只要用户参与转发活动，即有机会赢取亲临澳洲的机会。

随着2016年VR产业的井喷，一个无法阻挡的VR+旅游生态即将浮现。暴风科技集团副总裁李媛萍对此断言："VR将是下一个具有革命性意义的互联网趋势的核心，在与旅游行业的深度合作方面，VR技术将有很大的想象空间，可以为各大品牌商创造新的营销模式。"

据李媛萍介绍，暴风营销中心将采用"硬件+技术+内容+入口"的营销合力，有效地整合暴风全平台资源，提升用户对于品牌商的忠诚度。其中，以VR技术为突破点，给用户创造更具沉浸感的超现实体验。

当暴风科技向VR+旅游转向时，预示着暴风VR+旅游时代已经来临——暴风科技将在旅游产业发展层面实现突破。为此，暴风科技通过高效孵化、VR旅游整合、移动娱乐空间站、明星旅游等多角度、全方位地构筑旅游产业链，覆盖全球旅游美景以及人文等内容。

不仅如此，暴风科技还为旅游合作方锁定了目标客户人群，实现了线上/线下的精准购买。随着VR技术的新一轮创新，暴风科技将让用户体验到贵州西部的茶海、黄果树大瀑布、悉尼歌剧院的余晖、圣托里尼大教堂严肃的神像、冰岛极光里明灭的灯火、罗马充满历史血腥味的斗兽场……

可以预见，通过暴风VR系列产品，一幅VR+的新视界将在我们的面前展开。暴风科技与澳大利亚旅游局的跨界合作，从"上帝视角"打开了全景澳洲的窗棂。毫无疑问，VR+旅游是下一个名副其实的风口。

VR+旅游应运而生

2016年的旅游业出现了一个新的变化，特别是在2016年旅博会的展馆里，

VR名副其实地成了人们追捧的新内容，很多参观者都慕名去体验。

在旅博会的展馆内，诸多展台都把VR放到显著的位置，让用户佩戴VR设备体验虚拟的世界。

“戴上VR眼镜，仿若骑行在宝岛台湾，周遭是原生态美景，抬头见蓝天白云，回头还能一瞥路人温暖的笑……”2016年5月6日上午，在雄狮（福建）国际旅行社展区,《福建日报》记者施辰静就体验了一番“虚拟台湾行”。

根据《福建日报》的报道，雄狮旅行社是福建省首批获准经营赴台游的闽台合资旅行社之一。雄狮旅行社总经理黄信川介绍，通过VR新技术，其目的是把中国台湾地区居民游台湾的方式推介给大陆的游客。黄信川说道：“你可以选择单车骑行游、环岛火车游，也可以来台湾地区边旅游边办Party。下次去台湾地区，我就要这样的非主流行程。”

正是这样的安排，使用户在体验VR旅行后都纷纷点赞。在智慧旅游展馆中，用户可以体验HTC的VR设备——HTC Vive。

用户使用VR设备，就可以体验福建省旅游部门定制开发的新场景——虚拟店铺，通过拿、移、投、放店铺商品，可以亲身体验“旅游+VR+购物”的旅行。

众所周知，VR是近两年异军突起的黑科技，当硬件的更新换代逐步稳定时，作为增加黏性及吸引力的核心力量，各类VR内容便开始发力，进而“VR+旅游”应运而生。

福建省旅游局副局长吴立官在接受《福建日报》采访时说道：“旅游不是生存和生活必需品，旅游产业也与关乎国计民生的产业不同，在旅游领域应用最新科技成果，社会的代价相对较小，因此做旅游的应大胆应用人类文明和科技进步的最新成果。”

据介绍，在2016年旅博会上，首次举办了旅游+VR论坛。为此，福建省不少智慧旅游公司不仅涉足了VR，甚至已涉足AR和MR（mixed reality，混合现实）等领域。

这样的智能旅游将是大势所趋。例如，厦门任我游科技发展有限公司在2016年旅博会上就专门搭建了一个未来旅游体验馆，展示与VR/AR技术结合的海底世界、海洋旅游、景区旅游、旅游餐饮等。

可以预见，未来涵盖游客端应用和资源端整合的全产业链企业将越来越多。据任我游公司副总经理丁晓曦介绍，各地旅行社和互联网旅游产品供应商在看到厦门任我游科技发展有限公司于2016年旅博会上专门搭建了一个未来旅游体验馆后，都在关注其发展。

任我游公司副总经理丁晓曦在接受《福建日报》采访时说道："任我游公司将新技术与旅游内容结合后进行体验式推动，是未来旅游营销的方向。目前，公司已完成全国4 000多个景区的全景影像采集，并制作出VR体验碟带，与厦旅集团、宝中旅游、建发旅游等开展了实质性合作。"

在丁晓曦看来，旅游形式的变化无疑会促进其商业模式的变化。福建厦门欣欣旅游董事长兼CEO赖润星说："此前，互联网上对景点的描述无非是几张照片、几段文字，没维度、没热度，做了8年这样的内容产品，我们早就腻了。"

据赖润星介绍，欣欣旅游通过投资于全景通科技，正转型为VR供应商，并在2016年6月推出了VR旅游全息展示中心。

赖润星说道："通过在旅游者身上试错来提高服务水平的时代已过去，VR技术能以提供虚拟场景的方式来训练旅游服务者的业务技能，改善行前选择、行中服务和行后反馈。"

当然，虽然不少研究者认为，虚拟旅游不能代替实地旅游，但他们亦不否认，在营销之外，新技术或将成为提升旅游体验的辅助工具。

对此，北京师范大学虚拟现实与可视化技术研究所所长周明全说道："这些人们还不了解的黑科技，恰恰能为智慧城市、智慧景区、智慧博物馆提供解决方案。例如，AR技术能把旅游目标物的历史、故事、文化等虚拟出来，叠加在现实场景中，改变目前只靠解说或音视频介绍的办法，填补游客无法接触文物的遗憾。又如，应用MR能把目前的网游背景换成历史或实时旅游目标物，使旅游游戏化、游戏旅游化。"

02

VR+ 室内设计

当然，VR技术不仅可应用于军事航天，也可应用于室内设计。在室内设计中，虚拟现实不只是一个演示媒体，同时还是一个设计工具。

VR不仅以视觉的形式凸显了设计者的思想，如房屋装修前，设计者首先了解房屋的结构、外形，使之定量化，而后需要设计许多图纸。

当然，这些设计图纸只有行业人士才能看懂。在使用虚拟现实技术后，设计者就可以把设计构思变成看得见的虚拟物体和环境，使以往的传统设计模式一下子提升到数字化的所看即所得的完美境界，从而极大地提高了设计和规划的质量与效率。

因此，通过运用VR技术，设计者可以完全按照自己的想法构建及装饰“虚拟”的房间，任意变换自己在房间中的位置，体验自己设计的效果，直到满意为止。这样既节约了设计者的时间，同时又节省了做模型的费用。

VR+室内设计让体验变得更容易

随着VR技术的迅速发展与完善，交互性的极致体验变得更加容易。在室内设计领域，一些企业将VR技术应用到室内设计中，不仅可以让客户体验到设计的“真实感”，同时还可以解决客户对室内设计的多样性要求。

事实证明，相比传统的室内设计，VR技术在室内设计中具有更广泛的应用前景，同时VR室内设计具有较多的优点。其优点有如下几个：

（1）更直观地让客户了解设计师的设计理念。在室内设计中，一般都是根据业主自己的喜好来进行的，其弊端在于，只有业主亲自在场才能实现。

随着VR技术的完善，业主可以直观地体验到设计师的设计理念，如设计方案、设计效果图。业主戴上VR设备后，可以更直观地评价设计师的室内设计方案，如果需要修改，那么设计师就能更好地按照业主的要求修改方案，满足设计师和客户之间的交流。

当然，在这个过程中，VR技术的运用有效地弥补了室内设计的不足，使业主直接体验到设计师的方案。

（2）室内设计更加快捷、直观、逼真。与传统的手绘设计相比，VR设计更直观地表达出设计师的设计效果，更为人性化和专业化，同时更加快捷、直观、逼真。

（3）创作灵感不受局限。在VR方案设计中，设计师可以运用计算机技术在虚拟空间中创作，不仅可以把设计方案体现出来，同时还有利于激发设计师的创作潜能和再创作的灵感。

（4）合理地展示平面布局。由于计算机拥有处理数据的能力，因而室内设计的数据可以通过计算机数据算出来，如室内的平面图尺寸、标注等，从而极大地节省了时间和人力成本。在传统的设计中，往往需要设计师花费大量的人力、物力，而且没有计算机算得精准。

VR+室内设计的商业前景

2016年年初，在Oculus Rift发布沉浸式游戏头戴设备后，VR产品进入消费者市场的号角已经吹响。在室内设计领域，DIRTT Environmental Solutions公司早已在VR领域布局——把室内设计产品植入VR体验中。

该公司位于加拿大的卡尔加里（Calgary），在业内享有较高的声誉，特别是在内部结构精确预加工组件方面。

为了让室内设计贴近现实，DIRTT首席技术官兼联合创始人巴里·洛贝里（Barrie Loberg）研发了该公司的ICE 3D设计和规格软件，让用户可以通过使用该公司的建筑产品数字模型，互动式探索室内设计方案。

巴里·洛贝里介绍道："很多年前，我致力于创造建筑设计的飞越视频，这需要100台计算机一起工作整个晚上才能为一个30秒的视频渲染帧。有一天，我看见有人在午休期间玩一个电子游戏，那个游戏是最初的第一人称射击游戏——DOOM。那个游戏给我留下了深刻的印象，因为它提供了一个实时视频处理程序。你随时都能分辨出自己在游戏中的位置和正在发生的事情，那个启示促成了ICE的发展。"

的确，在设计过程中使用ICE，用户可以在电脑屏幕上直观地预览其设计的虚拟渲染。一旦用户提出修改要求，如移动一扇门或者是改变窗户的尺寸大小，相应设计就会被调整，而且修改后的项目新价格能同时显示出来。

巴里·洛贝里介绍说："当我们点击了'发送'键时，施工图就被发送给产品设备方。随后，我们就能知道每个钻孔的位置以及生产这些配件并把它们送达用户的地址所需花费的准确时长。"

当然，DIRTT积极涉足VR，是因为Oculus Rift以ICE虚拟现实体验的方式为该公司在室内设计方面增加了一个新的维度。

DIRTT总公司中一个占地1 114.84平方米的房间被改造成一个高科技的全息甲板。在这个房间里，用户戴上Oculus Rift的游戏头戴设备就可以体验其新内饰在室内的效果。DIRTT公司还精心地放置了一些道具，甚至可以让用户“坐”在虚拟的椅子上或者是“触摸”其他物品。

巴里·洛贝里坦言：“许多用过的人都为这个科技着迷，他们都愿意尝试感受房间新内饰的这个创意。或许试用过的人中有百分之一二的人不买这个体验的账，或者是在使用过程中有晕动症的现象。”

在巴里·洛贝里看来，由于波尔希默斯（Polhemus）磁运动追踪传感器被用于为Oculus Rift头戴设备确定方向，这就需要将放在虚拟现实工作室地板上的划定网格的磁性标记出来。

巴里·洛贝里说：“我们马上意识到工作室地板下面的钢筋扭曲了磁场，使你感觉像是走在丘陵地上。我们必须抽样检查错误并且重写程序，以便弥补这个过失。”

可以说，该科技已经显示出了其巨大的商业用途。例如，一些客户坚信，他们在DIRTT公司为一家银行进行的室内设计中，明显感到设计师有意设计出来的宽敞感。

巴里·洛贝里说：“当客户以第一人称看到设计时，能看到在平面设计图中不能看到的东西。他们知道该怎么做并且反映到绘图板上。”

因此，DIRTT制作了虚拟现实系统；与此同时，巴里·洛贝里还表示，需要调整该公司的软件。对此，巴里·洛贝里说：“在人们戴上头戴设备后，他们在房间里四处走动时无法看见自己的身体。……我们将给那些对于无形体状态感到不舒服的人们提供选择身体的权利。”

03
VR+ 电影

2015年，一个关键词IP（知识产权）流行于电影圈。在经过多轮的热捧后达到一个新的高度，这样的热度持续到2016年。不过，在2016年，VR成了电影圈的关键词。

如前所述，2016年被称为“VR产业元年”。追本溯源，其实VR与戏剧有着更深的溯源。早在1938年，在法国现代戏剧家安托南·阿尔托（Antonin Artaud）的著作《戏剧及其重影》中就首次提到了VR。

尽管VR与电影相关联相对较晚，但VR+电影的提法也有4年的历史。2012年，在美国圣丹斯电影节上，VR+电影就开始了自己的旅程。

VR+ 电影是一门好生意

众所周知，VR+电影更像是一个电影的游戏化，观众可以选择不同的视角，以一个“局内人”的身份完全沉浸并参与到故事中，体验不同的故事进展与结局。

由于技术和商业的原因，2015年VR+电影才陆续出现在公众视线内。在电影《火星救援》的营销宣传推广中，美国二十世纪福克斯电影公司发布了时长15～20分钟的VR短片，给用户提供了一次全新的视觉体验。

2015年圣诞节，NBA球星詹姆斯联手Oculus发布了一个时长12分钟的VR小电影——《追求伟大》。该电影展示了这名 NBA 球星是如何执行严格的训练方案的（球馆训练、健身房力量训练等），并近距离观察了其日常生活。

2016年1月，卢卡斯影业的全息电影《星球大战》、虚拟与增强现实相融合的*Leviathan Project*和*Immersive Explorers*登陆圣丹斯电影节。

在中国，VR+电影的作品不断出现。例如，兰亭数字联合青年导演林菁菁拍摄制作了时长12分钟的VR微电影——《活到最后》；再如，追光动画推出了米粒导演的全CG制作、时长340秒的VR故事短片——《再见，表情》。作为媒体的财新传媒也试水中国首部VR纪录片——《山村里的幼儿园》。

如此多的电影公司、明星、导演都在拓展VR，是否VR+电影一定是一门好生意？答案是肯定的。

不可否认的是，对于VR+电影而言，其本身还存一个周期短、难以形成用户黏度的根本问题。

2016年4月15日，迪士尼推出的《奇幻森林》正式上映，而且获得了不错的口碑。截至2016年4月24日，《奇幻森林》高居榜首，排片率为28%，累计票房超过6.45亿美元。

实际上，《奇幻森林》脱胎于迪士尼影业20世纪 60 年代的经典动画《森林王子》，真人化之后的影片在保留了原有趣味性的同时，也增加了不少精彩、刺激的场面。

《奇幻森林》上映前夕，万达院线与迪士尼开展了独家合作，自2016年4月8日起，在中国40家万达影城举办了《奇幻森林》VR体验活动。

VR+电影离用户还有多远？

从迪士尼的奇幻大片《奇幻森林》，到让动漫迷期待了12年的《大鱼海棠》，这些电影纷纷通过VR的技术手段曝出了一些美轮美奂的预告片，足以说明VR+电影的商业未来。

可能会有读者询问，VR+电影离用户到底还有多远？这种未来可实现的交互式观影方式是否类似于3D技术给人们带来的视觉冲击，传统影院是否面临被淘汰的危险？

如前所述，VR+电影实际上就是通过VR这项新技术模拟出一个三维虚拟空间，“欺骗”视觉、听觉、触觉等感官，让用户感觉置身于另一个世界。

在第六届北京国际电影节上，艺恩上海分公司副总经理高文韬接受媒体采访时坦言：“其实，VR+电影就是一个全景视频的概念，可以让你在同一时间360度接受到所有看到的视觉信息。”

在高文韬看来，VR+电影就是基于全景视频技术的故事演绎。当然，有效地利用这项新技术并通过影像方式走进用户的视野是在2015年年底。

2015年9月，一部名叫《活到最后》的12分钟VR电影正式开拍，在经历了三个月的时间后，该电影拍摄完成。

《活到最后》作为首部使用VR技术拍摄的剧情影片，不仅引发了VR+电影的尝试，而且把导演金文俊推上了风口浪尖。

面对媒体的关注，《活到最后》的导演金文俊在接受媒体采访时谈到了当初接拍时的初衷：“总要有人去做第一个吃螃蟹的人，在我之前，片方谈了很多大导，但真正要开拍时就犹豫了，因为他们突然不知道该如何指挥、如何拍摄。而我这个新人非常愿意去尝试，哪怕它只有12分钟。”

与VR电影《活到最后》相比，国外的VR电影技术显得更为成熟。2015年，不少好莱坞大片都推出了VR版的预告片，其中包括用户非常熟悉的《速度与激情7》《复仇者联盟》等。

艺恩上海分公司副总经理高文韬在接受媒体采访时坦言："现在，整个产业还处在刚刚起步阶段，也就是蓝海阶段，大家都是在布局。在这个时候，关键就要看谁走得快。国外的技术并不比中国的技术成熟多少，但它们起步比较早，拥有更多的经验。"

当然，对于中国用户而言，似乎更关注何时可以看到一部完整的VR电影。面对这个问题，《活到最后》的导演金文俊认为大概要经过四年时间："现在，我们的VR技术和设备都有待完善和统一，而且存在一个成本问题，所以需要一定的时间让它成长。"

VR+电影的市场到底有多大？

1935年，美国科幻小说家斯坦利·G.温鲍姆（Stanley G. Weinbaum）在《皮格马利翁的眼镜》中构想了一款能够具象化触觉和味觉的全息摄影设备。

因此，小说《皮格马利翁的眼镜》被世界公认为是最早提出VR概念的作品。当然，VR技术真正受到用户追捧的领域之一就是游戏。艺恩上海分公司副总经理高文韬在接受媒体采访时说道："与国外的游戏重度玩家相比，中国在这个方面的受众更少，因此要想走到VR电影普及这个层面，首先要建立成熟统一的市场。"

研究发现，在2016年，当全球VR产业的热度持续增长时，VR正以迅雷不及掩耳之势延伸到各行业，甚至各行业的领头公司也在VR产业链上开始布局，这也进一步导致在2016年第一季度全球VR/AR的投资规模超过2015年全年。

在这样的趋势下，传统影视娱乐行业在思变、求变和转型的道路上也不遑多让，如华策影视、华谊兄弟、光线传媒、奥飞娱乐等公司的相关投资案例便不在少数，见表8-1。

表8-1　　　　中国影视娱乐公司投资VR一览表

公司名称	定位	交易金额	占股比例	投资方
热播科技	制作/平台	640万元	6.60%	华策影视
兰亭数字	影视制作	1 470万元	7%	华策影视
暴风魔镜	硬件	2 400万元	8%	华谊兄弟
圣威特	线下体验	/	/	华谊兄弟
七维科技	内容制作	4 000万元	51%	光线传媒
卓研时代	应用开发	/	40%	光线传媒
当虹科技	视频解决方案	6 150万元	14.50%	光线传媒
DreamVR	影院	/	/	光线传媒
TVR时光机	游戏研发	/	/	奥飞娱乐
诺亦腾	动作捕捉	2 000万美元	10%左右	奥飞娱乐
互动视界	影视制作	/	/	奥飞娱乐
大朋VR	硬件、平台	/	/	奥飞娱乐
川大智胜	硬件、技术	/	/	奥飞娱乐
灵龙文化	文学IP	1亿元	20%左右	奥飞娱乐
稻草熊影业	影视制作	/	60%	奥飞娱乐
立动科技	游戏研发	/	100%	奥飞娱乐
甘普科技	游戏研发	/	100%	奥飞娱乐
天象互动	游戏研发/发行	/	/	奥飞娱乐

说明：（1）“/”为信息不明确，股份占比标黑为根据估值和投资金额换算。
（2）以上信息均从互联网上整理，不一定全面和准确，仅供参考。

从表8-1可见，中国资金和技术雄厚的影视娱乐公司都在积极布局VR领域，甚至互联网流媒体平台也是如此，如爱奇艺、优酷、土豆、芒果TV等平台也在涉足全景视频模式。

公开资料显示，资本进入VR，除了布局产业链这个原因以外，主要是因为VR+电影的商业潜力较大。这也是很多导演、明星涉足VR的一个重要原因。

2016年3月24日，导演高群书公开宣布，将要制作两部VR长片。

2016年3月26日，北京当红齐天国际文化发展有限公司娱乐品牌——SoReal联合创始人、艺术总监张艺谋表示，未来将推出VR电影。

2016年3月28日，暴风科技宣布成立暴风影业，同时并购吴奇隆创立的稻草熊影业60%的股份，共同成立一家VR影视制作公司——暴风稻草熊。

2016年3月30日，冠亚文化创始人李密表示，除了制作电视台播放的电视剧以外，还将拍摄单集2分钟左右的VR连续剧。

2016年4月初，耀客传媒宣布，电影《幻城》将推VR版。

…………

这组数据足以说明，VR+电影的市场潜力巨大，正如导演金文俊在接受媒体采访时所言："这就相当于你问我，自驾游的市场有多大？但我们现在面对的是没有高速公路、没有汽车的问题，在什么都没有的情况下，我们聊'自驾游'是没有任何意义的。这个市场是潜在的，我们现在做的事情就是在赌未来。"

在金文俊看来，由于VR作为一项前沿技术，至今仍存在不少问题，不论是软硬件技术层面的缺陷，还是高额的价位以及容易令用户产生眩晕感的问题，都是VR技术领域当下亟须解决的问题。

值得关注的是，VR的痛点往往也是行业爆发点，一旦谁能解决这些问题，他就率先掌握了克敌制胜的撒手锏。

不可否认的是，在不同的应用领域，VR也存在不同的痛点。在电影行业，VR+电影无疑是颠覆性的。大量的事实证明，从拍摄制作到发行放映，以及用户的观影方式，都会产生前所未有的变化。

众所周知，用户观影方式的改变，无疑更多地依托硬件设备的研发。在VR电影的拍摄制作上，除了硬件设备的变化外，电影制作的思维无疑将大幅变动。研究发现，目前的电影制作拥有完整的体系——无论是前期拍摄还是后期制作，以及影像语言，都有其发展历史与理论体系。

面对全新的VR技术时，电影制作者自己都不知道在拍摄过程中应站在什么位置，当沉浸式的、可以自由切换的主动视角让万能的剪辑功能失效时，电影制作者跃跃欲试的心也只能暂时搁浅。VR作为一项技术革新，其与电影的完美结合之日也将是重写电影制作规则之日。在那时，无论是故事内容、剧本叙事、拍摄过程、后期制作还是影像语言都将有全新的玩法。或许在电影中人人都将成为主角，或许长镜头会完全取代剪辑成为电影叙事手法，或许电影会真正成为一场梦境，或许每个人都能通过“上帝视角”去感知不同人物的不同故事结局……总之，在一切定形之前，它的定义将是多变的。①

对此，艺恩上海分公司副总经理高文韬更为乐观：“市面上真正做与VR相关技术的企业超过100家，但存在的一个很大问题就是同质化严重。大家都在一窝蜂地做头盔、交互设备，但没有人关注内容，没有人关注行业运用。所以，这就很容易导致未来将有一半以上的VR企业死掉，生存下来的仅有10%。当然，现在让人欣喜的是，应运而生的VR企业会比死掉的VR企业多，关键就看谁能找到自己的行业定位并坚持做下去。”

---

① 薛腾飞. 电影产业的下一个五年风口："VR+电影"，2016. http://www.dianyingjie.com/2016/0217/8245.shtml.

04
VR+ 教育

当我们告别校园后，很少有人还会记得初中物理课的凸透镜成像实验——使用蜡烛、凸透镜和小纸片，通过凸透镜，将蜡烛在纸面上呈现出来，如果距离适当，纸面上就会出现蜡烛，像变魔术一般。孩子们将纸片在桌面上反复移动，随着间距的变化，纸面上的“蜡烛”就呈现出正像、倒像和虚像，甚至连蜡烛、透镜和成像板之间的距离都一清二楚地显示出来了。

时至今日，由于VR技术的应用，这样的物理实验已不需要真实的蜡烛、透镜和光源。北京师范大学教育技术学院“移动学习”实验室副主任蔡苏博士直言：“这是VR/AR技术在中小学基础教学中的应用。”

不仅如此，浙江省语文试卷的高考作文就以VR为题让考生畅想未来。的确，自2016年以来，VR在中国的火爆程度超乎预期，业界流传着“2016年是VR产业元年”的说法。趁着风口，科技教育企业纷纷把目光投向了教育领域，VR教育已经从“概念”走向“落地”。

VR+ 教育的市场超出想象

研究发现，当下的在线培训市场异常火爆，一组数据足以说明其火爆的程度："首先，在线教育融资额从百万元到千万元跨越，这体现了风投资本对在线教育行业的青睐；其次，互联网上探讨在线教育的话题激增，这意味着在线教育市场的发展开始加速。"

确实，在线培训市场的商业价值是巨大的。艾瑞咨询发布的《2015年中国在线教育平台研究报告》显示，2014年中国在线教育的规模竟然达到998亿元，同比增长18.9%。

对于2015年的市场规模，艾瑞咨询预测将首次突破千亿元规模，达1 191.7亿元。2016—2018年在线培训市场将达到近20%的增长，其市场规模将突破2 000亿元，达2 046.1亿元，见图8-1。

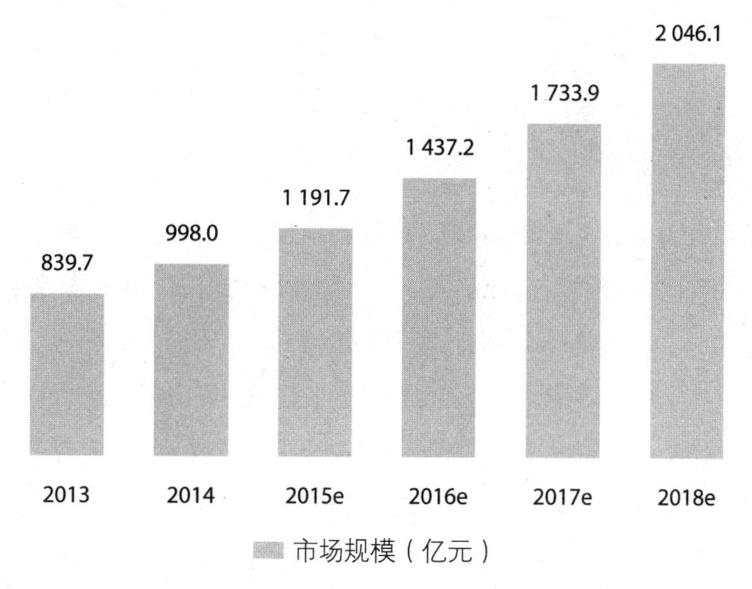

图 8-1　2013—2018 年中国在线教育的市场规模

说明：字母"e"表示预测值。

该报告显示，2014年中国在线教育的用户规模达到了5 999.2万人。这样的规模自然吸引了在线教育企业的关注。随着市场推广的加强以及互联网+教育的普及，用户接受在线教育的形式也在不断变化。艾瑞乐观地预计，在线教育用户将以近20%的速度增长，2018年预计达到13 221.1万人，见图8-2。

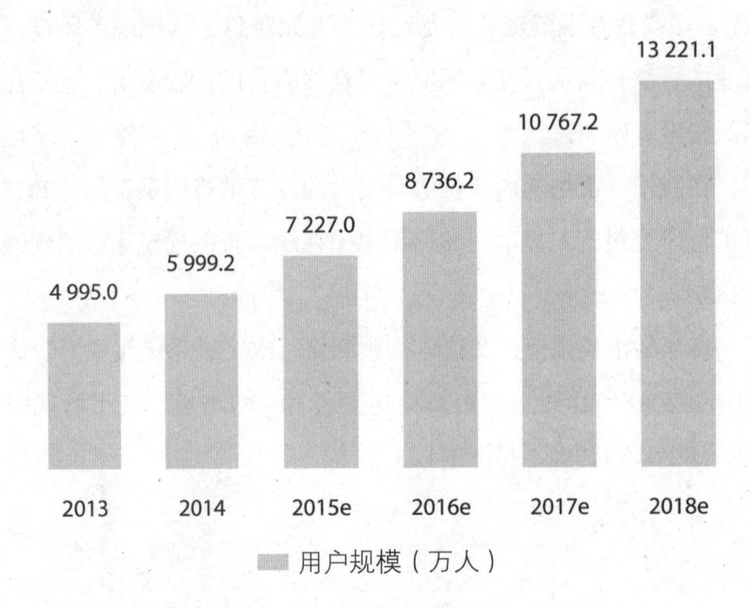

图 8-2　2013—2018 年中国在线教育的用户规模

说明：字母“e”表示预测值。

这组数据表明，在线培训市场不仅不孤独寂寞冷，而且存在潜力巨大的商机。由此可见，对于传统企业而言，在互联网化的今天，商业机会与挑战并存，即使在线培训行业也不例外，特别是随着VR+教育时代的到来。此后的学习者，不仅在学习时能够感到有趣，而且能在时空中自由穿梭。

蔡苏的同事、来自中国台湾的北京师范大学教育技术学院副教授江丰光回忆了他在德国伊斯梅瑙科技大学访学时的见闻：“能想象吗？走进虚拟现实教室，戴上VR眼镜、手套，建筑系的学生可以看到书本上的三角函数公式变成立体的桥梁；医学院的学生可以看到血液在血管里流动，癌细胞怎样在人体里生长、变异。”

在江丰光教授看来，正是因为VR+教育，他才体验到了“真实”的教育模式。对此观点，蔡苏坦言："VR教育可以用在很多领域，不仅是中小学基础学科教育，在高等教育、职业教育、科普教育中也有很好的应用价值。"因此，对于VR+教育，无论是哪个学科或哪个领域，只要其知识能用可视化形式展现，特别是在现实生活中不能展示的，或者展示成本较高、效果不好的，它就适于用VR技术。

蔡苏说道："从目前来看，VR技术在宇宙与宇航、大气与航空、人体医学、植物与农业、地球与海洋、机器人与新材料等自然科学工程领域应用的效果特别好。这是因为通过VR技术，可以根据实际需要扩展或压缩时间、空间。"

蔡苏举例说："比如在真实环境中需要几个月才能看到结果的豌豆实验，爆炸、原子反应等瞬间，在真实世界中很难用肉眼观察到的分子、原子结构，或是浩渺的太阳系、银河系空间，都可以通过VR技术呈现。这能给人以直观展示，而不再是抽象的、概念上的认知，这就是VR+教育最大的好处——带给学习者沉浸式的直观体验。"

在实操性很强的职业教育、技术教育领域，VR 只是辅助手段

研究发现，早期VR技术的主要应用领域是军事、飞行等领域，当VR技术延伸到游戏、电影、医疗、教育、房产等与用户生活息息相关的各个领域时，其漫长过程超出了研发者的想象。当VR+教育时代来临时，VR无疑正在发展与改变教育领域。

究其原因，教育是民族振兴、社会进步的基石，是一个国家的重中之重。在这样的背景下，诸多企业不惜一切代价探索这一领域。

2016年7月，美国K-12教育学校就大力投资于VR+教育，该学校似乎已看到了这项技术在教育领域的价值。此前，谷歌的VR教育计划——Expeditions已在美国推出，并与多家K-12学校达成合作。

资料显示，位于美国佐治亚州海恩斯维尔的利伯蒂学区就拥有1万名学生，该学区已向zSpace支付了50万美元的价格，为6所学校购置了VR实验室。这些实验室可以让学生在虚拟环境中与模拟物体进行交互。

当然，美国K-12教育学校之所以大力投资于VR+教育，是因为VR+教育有着更好的体验优势，除了知识和信息上的直观感知与获取，VR技术通过模拟真实环境，让学生进行模拟操作，这对一些在实际操作中成本较高或具有较大危险性的职业教育领域有广泛的应用前景。[①]

的确，这样的应用前景更加明朗。江丰光在接受《科技日报》采访时介绍称，中国台湾地区的淡江大学就曾利用VR技术，有效地培养了职业的水上摩托车骑手。

具体的做法是，台湾地区的淡江大学通过VR手段模拟“真实”海浪冲击水上摩托车的“真实”体验，让职业水上摩托车骑手在实地驾驶前，“真实”地体验驾驶水上摩托车的感受，从而降低在实地教学中存在的驾驶风险。

这样的教学也适用于“培养医学院的学生做手术，而飞机、火车的驾驶员也可以用上VR技术，日本等国已有了类似的尝试”。

值得关注的是，在教育领域，不论是VR还是其他信息技术，在教学中只是一种工具和手段，绝对代替不了真实的操作。

究其原因，“就像开飞机、火车，我们可以利用VR技术在教室里完成对基本操作的模拟，但这些活动在实操环节会遇到各种虚拟环境中无法模拟的状况，因而仍需要在真实环境中演练”。因此，在实操性很强的职业教育、技术教育领域，VR只是辅助手段。

---

① 陈莹. VR+教育，你看到了什么. 科技日报，2016-06-15.

05
VR+餐饮

当VR技术影响各行业时，有人就断言：在未来的5年内，餐饮店将逐步实现从前厅到后厨的智能化，也就是餐饮店的VR体验时代即将来临。VR成就了餐饮店的线上体验场景，SR成就了餐饮店创新场景，就餐人员在餐饮店里可以感受到活灵活现的萌宠小动物、小精灵、动漫人物、海底奇景、宇宙奇观……

VR+餐饮时代，一个全新的VR体验已经开启

2016年年初，宜家的智能料理台以及英国名为Moley的智能厨房系统的出现，都让餐饮人眼前一亮。在中国，人人湘在北京开了一家“真正的智能餐厅”——通过高科技手段真正地做到了“四无”（无服务、无收银、无采购、无专业厨师）。

对于这样的变化，海底捞创始人张勇坦言："对于海底捞来说，可能最终IT技术必须与智能技术和自动化技术结合在一起，才可以改变成本的结构。"

张勇说道："举个简单的例子，我们现在的洗碗机是半自动的，这意味着必须有工人把碗放上去，清洗以后还要整理，洗碗机占地十几个平方米。如果有一种更自动化的洗碗机，我们只要把碗放在那里，它就能帮你洗完和整理好了，那么我们就可以把洗碗机放到餐厅楼顶，下面就可以多放几张桌子。另外，如果有机器能承担自动切牛羊肉这些烦琐、机械的工作，那么火锅店的成本就有很大的节省，也可以让客户享受到成本更低、品质更好的东西……我会花很大的精力投入这个事情。"

当然，这样的趋势无疑说明，在VR+餐饮时代，一个全新的VR体验已经开启。在当下，O2O模式已成为餐饮行业互联网+时代最好的践行者。不论是传统餐饮巨头全聚德，还是金百万，都在积极地向互联网+迈进。这些餐饮企业甚至成了名副其实的互联网餐饮公司。比如全聚德，其电子商务平台涵盖了网上预定、网上销售、呼叫中心、移动设备支持、第三方接入等与互联网相关的服务。这些服务主要用于：全聚德官方网站的宣传；网上订桌、外卖订餐，真正实现了线上预订、线下消费的新体验；实现了网上电子商务，包装食品网上销售、结算；实现了微信营销、移动App建设。

2015年2月，全聚德在全景网互动平台上高调宣布：2015年，全聚德会加大互联网方面的投入与合作，以市场需求、顾客需求为准绳，提升老字号的营销形象。

此外，全聚德强调：全聚德十分重视互联网时代的营销工作，全聚德与各门店也一直与从事相关业务的互联网公司有所合作，比如大众点评网、到家美食会以及苏宁易购等。

随着这些消费模式的变革，特别是2020年互联网将全民化，如今的"80后""90后"必然成为当下餐饮行业消费的主力军，因而主流的餐饮服务业必须紧随这一趋势才能赢得消费者的认可。这就意味着餐饮服务业的主力消费人群决定了未来消费功能的演化，未来的餐饮店模式主要分成四类：家庭厨房、社会食堂、社交场所和体验美食。

在首都北京的餐饮行业中，金百万的知名度非常高，拥有近50家门店（其中37家是直营店）。由于定位的原因，金百万大多开在社区附近，主打家常口味的产品，因而好吃却不昂贵，其店面的就餐环境也追求干净舒适，因此成了婚礼、日常就餐、家庭或同伴聚会的场所。

在互联网+踢开了餐饮行业的大门后，作为餐饮一分子的金百万也开始实施互联网+战略。金百万在多家门店都开辟了专区，搞起了“全智能互联网体验”。在就餐前，食客要先用手机终端到“筷好味”App点菜；食客到达金百万实体店后，服务员把食客点的盒装“准成品”端上来，再发给食客一口智能锅；食客自己把金百万配好的菜倒进锅里，按一下键，3分钟后，食客所点的菜品就可以出锅装盘了。不论是松仁玉米还是胡辣鸡丁都按照这个流程制作，食客只要用3分钟就可以享受美食。不仅可以在金百万的实体门店里体验这种服务，也可以在写字楼和80后、90后年轻夫妇的家里体验这种服务……只要拥有金百万的准成品和智能锅，工作餐和家庭日常用餐都可以完成。

在餐饮行业，虽然中餐能赢得食客好评，但想把生意做大却很难，原因有二：第一，口味、口感难以标准化；第二，受制于时间和空间，交易集中在“饭点”，而餐位有限。

如何充分利用现有资源来扩大产能、提高效率，就成为餐饮行业共同面对的难题。为了解决这个问题，金百万创始人邓超试图探寻相应的解决方案。邓超先尝试创建网站，主要为注册会员提供外卖。

在这个过程中，邓超发现：这种做法依然无法突破就餐的时间限制。因为叫外卖和堂食的消费者仍然集中在饭点就餐，从而给金百万的服务带来了更大的压力。后来，邓超改卖半成品，这样就解决了消费者自己做菜时采买和加工两个痛点，但它对于烹饪技艺的痛点同样无能为力。由于许多消费者不会做饭，因此购买频次极低。

邓超对会员系统进行大数据分析和市场调研后发现，消费者通常有三个诉求：方便快捷如泡面，好吃可口如餐厅，价格便宜像盒饭。

了解了消费者的诉求之后，邓超开始着手解决这三个问题。为此，邓超亲自带领16个厨师组成了菜品研发团队，研发适合消费者诉求的菜品。2013年，该团队创造了餐饮的一个新品类——“准成品”。只要“有锅有油，三分钟做熟”，这样的卖点大受消费者欢迎。

研究发现，金百万的准成品与半成品最大的不同是，不管是什么食材，只要翻炒三分钟就能出锅。但是，这个新品类的市场教育成本过高，而且不够“傻”，还需要消费者翻炒。

与此同时，邓超意识到，要想赢得消费者的认可，就必须找到“爆点”，而且其操作要简单到一键完成。因此，邓超与智能锅厂家共同研发了与准成品匹配的智能炒锅，而后便尝试搞全智能互联网餐厅。这样的服务不仅带给消费者很强的参与感，社交媒体还帮忙传播金百万的这种场景体验，自然也就带火了金百万餐厅。

在邓超满足了消费者的诉求之后，他面临的问题为：如何快速复制这种模式？如何为拥有金百万智能锅的顾客及时配送准成品？邓超基于金百万的数据分析，精准洞察到消费者的消费场景，决定利用场景化的社区O2O来连接线上与线下的消费行为，为消费者实时提供能够满足其需求的产品或服务。

为此，邓超规划了许多离线（offline）场景：通过金百万直营店或加盟店变身“社区食堂”；通过百姓自家厨房和社区小商超服务于在家吃饭的食客；通过办公室就餐区和办公楼附近的餐厅或小商超提供工作餐服务。

不可否认的是，所有场景的搭建都离不开社区。在这一方面，金百万得天独厚，因为它的店大多开在居民集中的区域，这为它做社区O2O打下了稳固的基础，使得它抓住了O2O的“最后一公里”。然而，对于金百万的未来发展模式，目前资本方有两个声音：一方建议它打造产品平台，利用加盟模式，通过线下店，拿一个产品打天下，用它吸引粉丝到产品平台上，最终实现盈利。另一方则建议做成渠道平台，为更多商家服务。金百万正面临着抉择。[①]

① 刘雪慰，刘艳晖，李志宏. 金百万：有一道好“菜”叫场景. 科技日报，2015-07-14

金百万的互联网+之路，无疑是餐饮行业的一个成功范例。在互联网+时代，餐饮行业经营的不只是饭菜，更是关乎消费者的大数据。正如中国烹饪协会副会长、小南国餐饮控股有限公司董事局主席王慧敏所言："当下正处于餐饮+互联网最好的时代，只有紧扣时代脉搏，在未知的商业空间洞察需求、经营需求、创造需求。"

在王慧敏看来，"传统服务业是在市场扩张增量中形成的以经验为主的发展模式，而未来的成功餐饮将在细分市场数据的驱动下经营。通过对餐厅数据的分析和挖掘来决定菜品和服务模式，并且通过这种数据驱动精细化管理来降低各项成本，获取新的利润增长点"。王慧敏直言："餐饮行业真正经营的不只是饭菜，更是有关消费者的大数据。"

VR+ 餐饮的盈利新模式

当VR风潮踢开传统企业的大门时，VR+餐饮正在悄然出现。2016年3月，位于杭州文二西路西城广场3楼的一家火锅店悄然引进了9DVR体验馆，开启了VR+餐饮的高速盈利模式。

当然，这样的变化源于餐饮本身的发展形势。当各类餐饮企业如同雨后春笋般拔地而起时，餐饮业之间的竞争无疑是越来越激烈了。当餐饮行业的市场趋于饱和时，其竞争自然会加剧。面对这样的竞争环境，寻找相应的出路就摆在了经营者面前。

该火锅店老板为了避开过度竞争的市场，积极引进了9DVR体验馆。究其原因，到目前为止，引进9DVR体验馆的店非常火爆，特别是在暑假、元旦等节假日。

9DVR体验馆的蛋壳外观时常被用户当作"活广告"，不仅可以吸聚人气，还能增加用户的新体验。研究发现，9DVR体验馆可以让消费者只花费30元左右，即可体验一下乘坐过山车、穿越火海、飞越高山的惊险，具有较高的性价比。

当然，对于餐饮老板来说，在进行这种即时投入后，餐厅即可获得高人气的设备，自然能够吸引餐饮老板的青睐。这就是该火锅店迅速在同行业中脱颖而出的一个重要原因。火锅店不仅可以借助于9DVR体验馆在经营中提升人气，还可以增强其竞争力。

当然，对于餐饮店老板来说，引进9DVR体验馆无须豪华装修，仅需8平方米左右即可运营，很适合安放在餐厅的门口招揽生意。

该火锅店店长还颇为得意地说："9DVR体验馆加大了我们店的客流量，更是提高了我们店在同行中的竞争力。很多人都携家带口前来，有的人是吃一半、玩一下，有的人是体验累了才点餐吃饭。餐饮+9DVR，一店双用，实现了双重收入。"

该火锅店店长的观点得到了9DVR体验者的认同："这附近有几家火锅店，但我经常带着老公、孩子到这边吃饭，等上菜的时间可以体验9DVR，在吃饭之前玩一次9DVR体验，胃口都好。"

该火锅店店长介绍，自从该火锅店引进了9DVR体验馆后，男、女用户都来排队体验，特别是在元旦、周末等假日更为火爆。

06
VR+ 动漫

随着VR技术的不断完善和成熟，VR技术早已被应用于游戏、医疗、教育、娱乐等众多领域。当VR来势汹汹时，对于当下亟须突破的动漫业来说，可谓是“风雨欲来风满楼”。

在VR+传统企业的当下，动漫通过VR技术来突围，其实也是大势所趋。在这样的背景下，VR+传统产业所产生的巨大化学效应已成为中国传统企业经营者和研究者以及媒体从业者关注的焦点。

当然，在文化产业中，VR技术的推动对动漫业来说无疑是一件大好事。究其原因，动漫作品的极致体验是VR技术带来的革命性变化。

VR+ 动漫的新奇体验

众所周知，通过VR技术，动漫创作者可以还原一个全方位的动漫世界。不仅如此，用户在观看时，还可以“真实”地置身于动漫世界，甚至可以多角度、多层次地欣赏和融入动漫。例如，有的用户着重观察动漫角色的细微表情，有的用户更看重角色的周围环境，有的用户更看重自己融入该动漫……

用户不同的关注点无疑会形成更复杂的信息流，使得用户的体验更加极致。当然，VR技术获取信息的复杂性，无疑使得传统的动画视听语言更加真实，从而让用户感受更为“真实”的世界。

公开的数据显示，在2016年的动漫电影中，在《功夫熊猫3》《熊出没之熊心归来》等优质动漫电影的带动下，动漫电影的票房累计达到了8.3亿元。

在此基础之上，在实现VR+动漫电影（即动漫电影与VR技术结合起来）后，用户就可以360度、全方位、无死角地观看动漫电影，甚至还可以参与到故事情节中，给用户一种真实的沉浸感。相比于坐在电影院观看动漫影片，其体验感完全不同。

因此，可以预测的是，在未来的动漫产品体验中，传统的“发送—接收”单向传递信息方式将过时，用户将沉浸在虚拟的动画环境中，甚至还可以参与动画内容的演绎。

当然，用户通过互动，其身份的转变甚至可能消解目前动画与游戏的界限，最终形成一个介于虚拟与真实世界之间的娱乐体验。

这样的娱乐体验正在成为现实。2016年4月27日，在杭州市滨江白马湖动漫广场会展中心上，杭州玄机科技信息技术有限公司就推出了中国第一部VR动漫——《秦时明月》。

用户佩戴VR设备后，在现场就可以体验到《秦时明月》漫画的观赏效果。相关人员表示，VR设备的沉浸效果，既可以给观众带来更好的观影体验，也可以让观众更深入地体会到动漫人物的特性，而且对中国动漫事业的发展有很大帮助。

大量的事实证明，随着VR技术的普及和成熟，未来的VR动漫将会更注重用户的体验感。VR技术不会是名噪一时就销声匿迹的噱头，它必将引领动画业未来的发展。目前，大多数VR技术开发者希望通过VR技术给观众带来全新的交互体验，而不只是成为一个播放的平台。

VR 时代的动漫更注重体验感

时至今日，VR已不再是科技行业的小众名词，而是一个与传统企业相结合，甚至是有关转型和升级的大众热词。究其原因，VR技术的应用范围之广或许是当初的研究者所没有想到的，它可以用到互动娱乐、城市规划、室内设计、工业仿真、水利电力、教育培训等众多领域。

当注重体验的VR到来时，对于动漫业来说，无疑是久旱逢甘霖，甚至有学者撰文指出："VR在当下是一个炙手可热的概念，无论是从硬件还是软件来看，以VR技术为支撑的娱乐内容都在紧锣密鼓地制作。"

例如，香港数码3D模型设计工作室——"267C"就以《哆啦A梦》动画为基础，通过VR技术重现了《哆啦A梦》故事中野比大雄的家。

在VR环境中，用户进入野比大雄家的玄关后，就能看到洗手间、客厅、厨房、浴室、饭厅、主人房等。用户上楼后就能看见野比大雄的卧室，里面还有哆啦A梦睡觉的壁橱，后院还有一个小仓库。

当然，与一些原动画相比，VR场景的还原度更高。这样的VR+动漫尝试，无疑会极大地推动动漫业制作和投资的热情。尽管目前的VR技术还有很多可以改善的地方，如用户希望能在VR里看到自己的手或身体等，这些已经可以实现，但需求是无止境的，也许今后观众会要求"能闻一闻这杯咖啡的味道吗"这种视/知觉以外的体验。对VR动漫而言，这些都是新的话题，相信随着VR硬件的普及，VR动漫内容会越来越多。

正因为如此，通过VR技术，未来的动漫业将迎来一个全新的时代，vTime这款产品就是一个最好的证明。

07
VR+艺术

在VR如火如荼的当下，VR+艺术正在成为全新的艺术形式，甚至有学者撰文称，VR+艺术将释放用户的想象力。

这样的观点足以说明，VR已在诸多文艺领域得到应用：音乐会现场的VR直播，让乐迷有了随时随地的临场体验；沉浸交互式的VR电影，向叙事语言提出了新挑战；VR美术馆正在打破传统的时空界限，构建新概念的展览空间……

VR 与艺术的结合不是功能上的物理嫁接

众所周知，在新科技的作用下，VR+让艺术家对自己作品的布局和空间化再造有了新的创作空间。对此，北京银河空间美术馆副馆长张骅称，VR与艺术的结合不是功能上的物理嫁接。在接受《法制晚报》采访时，张骅坦言：

每次技术变革都将推进新的艺术创作形式以及审美意识的生成。VR技术的逐渐成熟，也必然使得艺术在创作、表达、呈现、体验上囊括时空，从而诞生出一套新的审美标准。

艺术对于VR技术的运用，一方面取决于艺术家对VR表现形式的运用程度，另一方面取决于艺术家所要表达的主要内容。但无论艺术家如何考虑，只要其运用了VR技术，那么其作品一定包含时空属性，观者可以进行沉浸式体验。

对于艺术展览而言，VR将带来哪些可能？我认为，一种情况是对数字媒体艺术的呈现而言的。由于这类艺术作品本身就是运用计算机语言创造的，所以对于运用VR技术呈现的数字美术馆天生就有很好的兼容性。对于这类展览，我们可以跳出空间的局限，出现“时空”的叠加，或许“展览”这个词已不再贴切。另一种情况是对传统艺术的呈现。VR在呈现这一类作品中的运用，可能主要在于信息传播上的运用。虚拟博物馆毕竟是虚拟的，而传统艺术作品的真正价值在于作品本身，其具有唯一性。

从我的自身实践来说，目前北京银河空间美术馆对于VR和AR的技术运用，特别是对馆内的传统藏品来说，主要着力于信息的传播和公共教育方面。例如，我们开发的“口袋博物馆”项目。通过运用AR技术，我们开发了“口袋博物馆”App，配合画册图录，让原本2D的图像变成3D实物，让人们实现把馆藏珍品带回家的愿望。

在张骅看来，VR+艺术的变化一定不是单纯功能上的物理嫁接，而是在底层结构上的深层变革。2016年1月，佛罗里达州圣匹兹堡的达利博物馆展出了达利的作品《对米勒“晚祷”的考古学回忆》，与以往不同的是，此次的作品是一个切切实实可以令人走进去的“梦境”。

这个虚拟现实作品由创意代理公司Goodby Silverstein & Partners（GS & P）推出。通过佩戴Oculus Rift提供的头戴式显示器，观众可以在画中随意走动，探索里面的场景。在《虚拟现实艺术：形而上的终极再创造》一文中，中国数字美术馆创始人、VR艺术的首倡者和推动者李怀骥是这样定义VR艺术的：

以虚拟现实（VR）、增强现实（AR）等人工智能技术为媒介手段加以运用的艺术形式，我们称之为虚拟现实艺术，以下简称VR艺术。该艺术形式的主要特点是超文本性和交互性。

作为现代科技前沿的综合体现，VR艺术是通过人机界面对复杂数据进行可视化操作与交互的一种新的艺术语言形式，它吸引艺术家的主要之处在于艺术思维与科技工具的密切交融和两者深层渗透所产生的全新认知体验。与传统视窗操作下的新媒体艺术相比，交互性和扩展的人机对话是VR艺术呈现其独特优势的关键所在。从整体意义上说，VR艺术是以新型人机对话为基础的交互性艺术形式，其最大的优势在于建构作品与参与者的对话，并通过对话揭示艺术生成的过程。

艺术家通过对VR、AR等技术的应用，可以采用更为自然的人机交互手段控制作品的形式，塑造出更具沉浸感的艺术环境，以及在现实情况下不能实现的梦想，并赋予创造的过程以新的含义。例如，具有VR性质的交互装置系统可以设置参与者穿越多重感官的交互通道以及穿越装置的过程，艺术家可以借助于软件和硬件的顺畅配合来促进参与者与作品之间的沟通与反馈，创造良好的参与性和可操控性；可以通过视频界面进行动作捕捉，储存参与者的行为片段，以保持参与者的意识增强性为基础，同步放映重新塑造、处理过的影像；通过增强现实、混合现实等形式，将数字世界和真实世界结合在一起，参与者可以通过自身动作控制投影的文本，如数据手套可以提供力的反馈，而可移动的场景、360度旋转的球体空间不仅可以增强作品的沉浸感，还可以使观众进入作品的内部操纵它，观察它的过程，甚至赋予观众参与再创造的机会。

此外，李怀骥还说道："VR艺术是一种正在涌现的新的艺术语言形式，也是极具现在进行时特征的艺术，尽管目前它仍以低姿态的实验性面目出现，就其整体情形而言还处于原始形式，但它开启了当代艺术在数字领域发展及演进的关键过程，其积极意义主要体现在艺术媒介变革、精神实验力量的自我超越这一角度。从艺术史发展的更高视角看，它的出现势必对当代艺术的现状及整个艺术生态产生巨大的冲击力，其中蕴藏着艺术发展新理论的成长点和可能性。该艺术形式依托于虚拟空间在语境与意义生产上不同的表现性，已成为艺术发展进程中最具时效性的活力点，它将艺术的生命力落脚于当今世界文化的共时状态之中，构成了当代文化影响社会视听的更广泛的反馈面。随着技术条件的不断升级，作为与绘画、雕塑、装饰、影像等并置的新的语言形式，VR艺术已在国际上开始形成新的潮流和自己独立的语言体系，并且正在以越来越成熟的面目进入艺术史的视野。”

在李怀骥看来：“我们进入VR艺术世界，也就意味着进入了一个特定时空下的艺术感知系统之中，由于该系统的最大优势在于创建一种逼真的感觉输入和令人信服的互动式操作，参与者可以通过自身的动作和行为，以一种现实的方式与之交互作用，从而获得作品所赋予的强烈的意义共享和感觉浸淫。在VR艺术中，这种特殊的艺术体验不仅依赖于数字化手段提供的支持，同时也具有传统理论框架下形成的各种生效方式。在它创建的时空内，技术与艺术、机器与人、虚拟与真实，将以其巨大的空间深度和时间连续性共同建构起一种新型的数字化叙事世界。该世界重组了艺术、艺术家和参与者之间的文化生产关系。随着艺术实验的全面展开，一种独特的数字世界的美学叙事体系和艺术存在方式正在逐渐形成。”

李怀骥得出这样的结论，不仅需要懂得工业技术、互联网技术，还要懂得相关的学科艺术等。正因为如此，李怀骥提出的VR+艺术的商业价值才如此重要。究其原因，VR技术是以计算机系统为主体的一整套高科技仿真系统，是多个学科技术的综合体。

VR的观赏方式将会改变社会认知

在国内外的博物馆中，VR+艺术正在被大规模应用。例如，北京故宫博物院就开启了VR项目——“V故宫”。当用户打开手机浏览网址vr.dpm.org.cn/vr，并按照提示操作时，用户就可以通过VR眼镜欣赏养心殿等故宫建筑了。当然，要是用户没有VR眼镜，V故宫设计团队很贴心地设计了裸眼模式，用户可以在画面右下角切换到裸眼模式。无论用户是通过手机还是PC端，都可以自由自在地漫游养心殿。

在传统的参观中，游客只能站在养心殿外向内观看，有可能因当天游客太多而过于拥挤，大多数只能草草了事。用户通过VR技术，不仅可以360度观看，还可以坐到龙椅上俯瞰群臣。至于西暖阁里的那些名画，用户也可以“近距离”细细欣赏。

例如，三希堂中就悬挂了多达13只壁瓶，这是乾隆皇帝情有独钟的室内装饰。对于这样的装饰墙，即使是从现在的视角看都是很时尚的。

研究发现，“V故宫”项目的开启，其契机是由于故宫的游览人气最旺。然而，由于需要进行为期5年的保护修缮，因而养心殿于2015年暂时关闭。北京故宫博物院为了弥补参观者暂时不能参观养心殿的遗憾，特地推出了“V故宫”项目。我们调研得知，早在2000年，北京故宫博物院就开始进行VR技术和设备的研究。目前，“V故宫”项目已经上线，北京故宫博物院还会陆续推出更多的VR场景，开启更多“神秘”的宫殿。

对此，中科院自动化所科学艺术中心首席艺术家张之益认为，VR的观赏方式将会改变社会认知。在接受《法制晚报》采访时，张之益说道：

> 就电影而言，VR是重要的写实方式。虽然电影已经发明了100多年，但真正的电影可能刚刚开始。无论是从视觉层面还是从叙事表演角度，我们都有理由相信这一点。因为技术在往前走，创作手法也在往前走。其实，更大的技术革命还没有参与进来，比如VR拍摄。

VR是虚拟现实，表面上是观赏方式，归根结底将造成对社会认知的根本改变。可以肯定，现在的“80前”在生理上很难接受全景的表达方式，可是“10后”接触这个应该就没有障碍了。

为什么人们爱玩电子游戏？主要是因为体验、交互造成角色的虚拟现实感，而搭建自己的空间、创造自我的位置，这是人类本身的需求。我认为这五年的技术都是过渡，以后会有更大的进步，很难说是用头盔还是什么别的介质呈现人们创造的虚拟世界。

现在，数字美术馆还是要建一个虚拟的馆，包括电子书还是要叫“书”，其实这都是想象力没有充分打开的一种体验。就本质来说，在未来的VR里面，每一个元素都是立体的，并非仅在观赏性上是立体的，而是其信息背后所有制式的关联性，每一个点把所有的信息无限制地关联起来，这也是VR最大的魅力之一。

现代游戏刚刚诞生了不到20年，20世纪90年代还有个行业叫作打字培训，而现在打字已成为人人都会的技能，所以说，这是一个时代发展的自动选择。我简单地把概念与大家交流一下。我不是搞理论研究的，年轻人如何理性地看待VR带来的变革，这是社会的机会，也是自己的机会。

在张之益看来，VR观赏方式的改变，不仅会改变社会认知，还会提升用户的观赏体验。因此，我们可以肯定地说：通过VR技术感受艺术作品并不是VR技术带给艺术爱好者的唯一福祉。不仅如此，VR 技术还能让观众创造艺术作品。HTC Vive 上的应用“Tilt Brush”就是一个很好的例子。使用 Tilt Brush可以突破平面的限制，在空中创建立体的画作，迪士尼的艺术家就基于这个应用画了一个立体美人鱼。

当然，VR+ 艺术的应用实例远不止这些，它不仅能让人身临艺术家的想象世界，也拉近了艺术与大众的距离。而VR艺术作为一种新的表现形式，与当今发达的计算机技术结合后，是升级改造这些艺术形式，还是创造出全新的艺术形式？时间很快就会给我们提供答案。

参考文献

[1] 陈天弋. 利亚德与川大智胜合作发展虚拟现实技术应用. 中国证券报，2016-03-22.

[2] 陈莹. VR+教育，你看到了什么. 科技日报，2016-06-15.

[3] 董毅智. VR时代的竞争路径. 法人，2016（9）.

[4] 德意志银行. 了解关于VR的一切，2016. http：//chuansong.me/n/ 2851988.

[5] 冯庆艳. VR火爆：下一个摩托罗拉或苹果能否诞生在中国？. 经济观察报，2016-09-03.

[6] 郭宇承，谷学静，石琳. 虚拟现实与交互设计. 武汉：武汉大学出版社，2015.

[7] 卢博. VR虚拟现实：商业模式+行业应用+案例分析. 北京：人民邮电出版社，2016.

[8] 刘丹. VR简史：一本书读懂虚拟现实. 北京：人民邮电出版社，2016.

[9] 刘创. HTC智能手机乏力回天　下重注押宝VR游戏开发. 经济观察报，2016-07-17.

[10] 刘雪慰，刘艳晖，李志宏. 金百万：有一道好“菜”叫场景. 科技日报，2017-07-14.

[11] 马志强. 乔布斯：将用户体验做到极致.中国产经新闻报，2014-04-03.

[12] 穆胜. VR+传统行业，改变了什么？. 中外管理，2016（7）.

[13] 邱宇. VR产品山寨严重：美色内容泛滥　九成硬件商会死？. 中国新闻网，2016-08-09.

[14] 2016年将成“虚拟现实”爆发元年. 山西经济日报，2015-12-30.

[15] 王斌等. VR+：融合与创新. 北京：机械工业出版社，2016.

[16] 薛腾飞. 电影产业的下一个五年风口：“VR+电影”，2016. http：//www.dianyingjie.com/2016/0217/8245.shtml.

[17] 喻晓和. 虚拟现实技术基础教程. 北京：清华大学出版社，2015.

[18] 叶丹. 暴风魔镜黄晓杰：VR2.0时代已经到来. 南方日报，2016-06-02.

[19] 赵谨. 苹果获首个终审“胜利”　HTC仍需补强专利. 新京报，2011-12-22.

后　记

提及VR，英文的全称是Virtual Reality，中文翻译为“虚拟现实”。其实，VR并不是一个新名词，早在30多年前就诞生了。

20世纪80年代初，美国VPL公司创始人杰伦·拉尼尔（Jaron Lanier）提出了VR这个概念。其具体内涵是：综合利用计算机图形系统和各种现实及控制等接口设备，在计算机上生成的、可交互的三维环境中提供沉浸感觉的技术。

尽管这个概念被提出了很久，但由于VR技术不完善等原因，在很长的一段时间里，VR只是科技领域的话题之一。目前，随着VR技术的普及和完善，其商业价值已逐步显现出来，特别是在近几年，其变化非常大。

2014年3月，脸谱高调宣布，将斥资20亿美元并购VR技术公司——Oculus；同年10月，谷歌发布开源的移动虚拟现实设备——Cardboard；同年年底，三星发布虚拟现实设备——Gear VR；2015年3月，索尼娱乐在游戏开发者大会（GDC）上发布了基于VR技术的游戏设备——PS VR；HTC在世界移动通信大会（MWC 2015）上发布了VR头盔产品——HTC Vive；2015年6月，中国自行开发的VR设备3Glasses发布了D2开拓者版……

大量事实证明，在2014年脸谱果断地并购VR设备制造商Oculus后，一阵巨浪紧随而来，引发索尼、三星、HTC、谷歌等科技巨头布局VR。此刻，VR硝烟弥漫、群雄并起，这样的势头无疑将VR产业推上了风口浪尖，VR设备一度被视为继智能手机后最具商业前景的移动设备。

在经过多轮投资后的2016 年，用户对VR的热情依然不减，甚至一些研究者把2016年称为VR产业元年。因此，VR产业的持续火爆，无疑在推动VR设备的进一步普及。中国VR现状调查报告《数说VR》显示，中国是全球最有潜力的VR市场。在6 000名受访者中，19%的人计划在半年内购买VR设备，其中23%的人愿意购买4 000元以上的高端VR设备；70%的用户将“无眩晕感”作为选购VR设备的首要条件，其次是“内容丰富”和“具有沉浸感”等。

这项调查不仅为厂商在VR领域的竞争打了一支强心针，还将消费者对于VR的需求明朗化，为VR设备指明了一条出路。由此看来，VR的未来一片光明，甚至将引爆新的经济增长热点。

在此，感谢财富商学院书系和火凤凰财经书系的优秀人员，他们参与了本书的前期策划、市场论证、资料收集、书稿校对、文字修改、图表制作等工作。

下述人员对本书的完成亦有贡献，在此一并表示感谢：简再飞、吴旭芳、周芝琴、周梅梅、吴江龙 、吴抄男、赵丽蓉、周斌、周凤琴、周玲玲、金易、何庆、李嘉燕、陈德生、丁芸芸、徐思、李艾丽、李言、黄坤山、李文强、陈放、赵晓棠、熊娜、苟斌、佘玮、欧阳春梅、文淑霞、占小红、史霞、陈德生、杨丹萍、沈娟、刘炳全、吴雨来、王建、庞志东、姚信誉、周晶晶、蔡跃、姜玲玲等。

任何一本书的写作都是建立在许多人的研究成果之上的。在写作的过程中，笔者参阅了相关资料，包括电视、图书、网络、报纸、杂志等资料。我们参考过的文献，凡属专门引述的，我们尽可能地注明了出处，其他情况则在书后附注的“参考文献”中列出。笔者在此向有关文献的作者表示衷心的感谢！如有疏漏之处，还望原谅。

本书在出版过程中得到了许多教授、VR领域的专家、VR企业老板、企业研究专家、数十位创业者、职业经理人、媒体朋友、互联网营销专家、业内人士以及出版社编辑等的大力支持和热心帮助，在此表示衷心的谢意！由于时间仓促，书中难免存在纰漏，欢迎读者批评指正，在此深表谢意！（E-mail：zhouyusi@sina.com.cn）

另外，欢迎有合作意向的读者进行约稿、讲课和战略合作，联系方式如下：

E-mail：450180038@qq.com

微信号：xibingzhou

财富书坊公众号：caifushufang001

周锡冰

图书在版编目（CIP）数据

VR新未来/周锡冰著. —北京：中国人民大学出版社，2018.5
ISBN 978-7-300-25662-7

Ⅰ.①V… Ⅱ.①周… Ⅲ.①虚拟现实 Ⅳ.①TP391.98

中国版本图书馆 CIP 数据核字（2018）第 061824 号

VR 新未来
周锡冰　著
VR Xinweilai

出版发行	中国人民大学出版社		
社　　址	北京中关村大街 31 号	**邮政编码**	100080
电　　话	010-62511242（总编室）		010-62511770（质管部）
	010-82501766（邮购部）		010-62514148（门市部）
	010-62515195（发行公司）		010-62515275（盗版举报）
网　　址	http://www.crup.com.cn		
经　　销	新华书店		
印　　刷	天津中印联印务有限公司		
规　　格	170 mm×240 mm　16 开本	**版　　次**	2018 年 5 月第 1 版
印　　张	14 插页 1	**印　　次**	2023 年 3 月第 2 次印刷
字　　数	195 000	**定　　价**	61.00 元

版权所有　侵权必究　　印装差错　负责调换